Peter Müller

STERNWARTEN IN BILDERN

Architektur und Geschichte der Sternwarten
von den Anfängen bis ca. 1950

Mit 276 überwiegend farbigen Darstellungen

Springer-Verlag Berlin Heidelberg GmbH

Dr. Peter Müller
Friedrichstraße 60
W-5000 Köln 1

ISBN 978-3-642-47747-8   ISBN 978-3-642-58082-6 (eBook)
DOI 10.1007/978-3-642-58082-6

Die Deutsche Bibliothek – CIP-Einheitsaufnahme
Sternwarten in Bildern: Architektur und Geschichte der
Sternwarten von den Anfängen bis ca. 1950 / Peter Müller. –
Berlin; Heidelberg; New York; London; Paris; Tokyo;
Hong Kong; Barcelona; Budapest: Springer, 1992
  NE: Müller, Peter

Reproduktionen: Gebr. Czech & Partner, München
Satz und Druck: Appl, Wemding
Bindearbeiten: Schäffer, Grünstadt

31/3145- 5 4 3 2 1 0 – Gedruckt auf säurefreiem Papier

Die Sternwarten sind chronologisch geordnet, Abweichungen ergeben sich aus geographischen und historischen Gründen

VORGESCHICHTE UND ALTE HOCHKULTUREN   seit ca. 2200 v. Chr.
(Plätze, Plattformen und Türme)

ZEIT DER RENAISSANCE UND DES FRÜHEN BAROCK   ca. 1500–1700
(Verschiedene Formen)

ZEIT DES SPÄTEN BAROCK   ca. 1700–1785
(In der Regel Turmform)

STERNWARTEN IN AMERIKA ca. 1800–1948
(Verschiedene Formen)

VOLKS-STERNWARTEN UND SPÄTE HOCHSCHUL-STERNWARTEN
seit 1888   (In der Regel Turmform)

KURZE GESCHICHTE DER STERNWARTEN

Architektur und Geschichte der Sternwarten, weltweit und von den Anfängen bis etwa 1950 – das war ursprünglich das Thema meiner Doktorarbeit. Diese Aufgabe stellte mir 1966 Herr Prof. Dr. HEINZ LADENDORF, der damalige Direktor des Kunsthistorischen Instituts der Universität Köln. Viele Astronomen waren bereit, mir weiterzuhelfen – hauptsächlich Herr Prof. Dr. HANS SCHMIDT, der ehemalige Direktor der Sternwarte bzw. des Astronomischen Instituts der Universität Bonn. 1972 erhielt ich als Anerkennung eine »Medaille für Weltraumpublizistik« von Herrn Prof. J. F. G. GROSSER, dem ehemaligen Vorsitzenden des Kuratoriums »Der Mensch und der Weltraum«, einer Institution am Deutschen Museum in München.

* Müller, Peter: Sternwarten. Architektur und Geschichte der Astronomischen Observatorien. Reihe: Europäische Hochschulschriften Band XXXII/1. Verlag Peter Lang, Bern Frankfurt/Main. 1. Auflage 1975, 2. Auflage 1978

Meine Dissertation* wurde ohne Bilder veröffentlicht, der Bildteil blieb also zunächst übrig. Daraus entwickelte ich schließlich diesen Bildband. Auf meinen Studienreisen konnte ich bisher 77 Observatorien in 22 Ländern besichtigen und fotografieren, außerdem 9 (z. T. nicht ganz gesicherte) Beobachtungsplätze der alten Hochkulturen.

Meine Darstellung der Sternwarten-Architektur beginnt bei Stonehenge, umfaßt also rund 4000 Jahre. Die Sternwartengebäude sind nach Funktion und Aussehen beschrieben. Die innere Konstruktion entsprach jeweils dem Entwicklungsstand der Beobachtungsinstrumente, das Aussehen dem Kulturkreis und dem jeweiligen Baustil. Manche Sternwarten wurden über den eigentlichen Zweck hinaus ins Gewaltige oder Repräsentative gesteigert: Jaipur, Paris (ehemalige Königliche Sternwarte), Wien (Universitäts-Sternwarte), Williams Bay bei Chicago (Yerkes-Observatorium). Solche Observatorien müssen als anerkannte Werke der Baukunst und geschützte Baudenkmäler auch ästhetisch gewürdigt werden. Mehrere Sternwarten wurden im 2. Weltkrieg vollständig zerstört: Breslau, Königsberg, Pulkowo bei Leningrad, München-Bogenhausen, Leipzig, Berlin Urania. Manche innerhalb einer Stadt gelegene Sternwarten wurden (fast) aufgegeben und anderen Hochschul-Instituten überlassen: Universitäts-Sternwarte Bonn und Sternwarte der Technischen Hochschule Zürich.

Für meine Darstellung einzelner Sternwarten setzte ich mir eine zeitliche Grenze bis 1948. In jenem Jahr wurden zwei sehr bedeutende Sternwarten in Betrieb genommen: das Mount Palomar-Observatorium in Kalifornien mit dem damals größten Spiegelfernrohr der Welt (5 m) und das Radcliffe-Observatorium bei Pretoria mit dem damals größten Spiegelfernrohr auf der Südhalbkugel (1,88 m).

Später entstandene Observatorien sind nur kurz bei älteren Sternwarten beschrieben, wenn sie von ihnen aus gegründet wurden und/oder mit ihnen in enger Beziehung stehen: z. B. Selentschuk bei Pulkowo, Mauna Kea auf Hawaii bei Edinburgh-Blackford Hill und Calar Alto bei Heidelberg-Königstuhl. Diese und andere Groß-Sternwarten der Nachkriegszeit sind ausführlich in den Büchern von Marx, Pfau und Krisciunas dargestellt (siehe Literaturverzeichnis).

Der Steinkreis von STONEHENGE bei Salisbury ist das auffälligste und meistbeschriebene vorgeschichtliche Denkmal in Süd-England. Es handelt sich um ein Heiligtum, das deutlich erkennbar auch astronomischen Beobachtungen diente. Demnach ist Stonehenge der älteste monumentale »Kalenderbau« in Europa; hier wurde etwa 800 Jahre lang gebetet, beobachtet und experimentiert.

Die Anfänge von STONEHENGE werden von den Prähistorikern auf etwa 2200 v. Chr. datiert, d. h. vor Ende der Jung-Steinzeit und vor Beginn der Bronzezeit. In dieser frühen Zeit wurde die runde Grundform von STONEHENGE von einem unbekannten Volk »erfunden«. Ein kreisförmiger Graben mit 105 m Durchmesser bildet die äußere Begrenzung. Die Besonderheit ist die Hauptorientierung vom Mittelpunkt aus nach Nordosten, knapp 40° von der West-Ost-Linie abweichend. Diese Richtung ist markiert – bis heute! – durch den auffälligen sog. Fersenstein außerhalb des Grabens (der englische Ausdruck »heelstone« ist kaum zu übersetzen). Wenn ein Beobachter, genau in der Mitte der kreisförmigen Anlage stehend, über der Spitze des Markierungssteins die Sonne aufgehen sah, dann war es am Tage der Sommer-Sonnenwende (heute 21. Juni). Diese Visierlinie stimmte nur vor rund 4000 Jahren! Die genau entgegengesetzte Richtung nach Südwesten wies zum Untergangspunkt der Sonne zur Winter-Sonnenwende und war ebenfalls markiert, und zwar durch ein monumentales »Tor« aus drei riesigen Sandsteinblöcken. Diese beiden Daten erlaubten eine grobe Berechnung und Einteilung des Jahres.

In drei Bauperioden wurden drei konzentrische Kreise aus gewaltigen Monolithen aufgerichtet. Der innere Kreis ist nicht geschlossen, sondern hat die Form eines Hufeisens – nach Nordosten weisend. In der Mitte wurde ein Altar errichtet. Jenseits des äußeren Steinkreises findet man einen dreifachen Kreis von Löchern im Erdboden wie eine Kreiseinteilung, die viele Visierlinien zum Horizont ermöglichten. Die äußersten Auf- und Untergangspunkte des Mondes sind mit einem Zyklus von 18,6 Jahren recht kompliziert. Ein amerikanischer Astronom hat die Beobachtungsmöglichkeiten vor rund 4000 Jahren mit Hilfe eines Computers berechnet.*

Der vorgeschichtliche Steinkreis von Stonehenge, gesehen von außen in der Achse von Nordost nach Südwest, Aufnahme vor Sonnenuntergang zur Zeit der Winter-Sonnenwende

* Hawkins, Gerald S.: Stonehenge Decoded. Doubleday and Company, Garden City, New York 1965

Luftaufnahme in Richtung Südost, ganz links dicht an der Landstraße der sog. Fersenstein

Die Haupt-Visierlinie vom
Mittelpunkt des Steinkreises
über die Spitze des
Fersensteins hinweg zum
nordöstlichen Horizont

Rekonstruktion des
Sonnenaufgangs zur
Sommer-Sonnenwende:
Strich links =
vor 3500 Jahren;
Strich rechts = heute

Plan von Stonehenge
mit der heutigen Stellung
der Monolithen

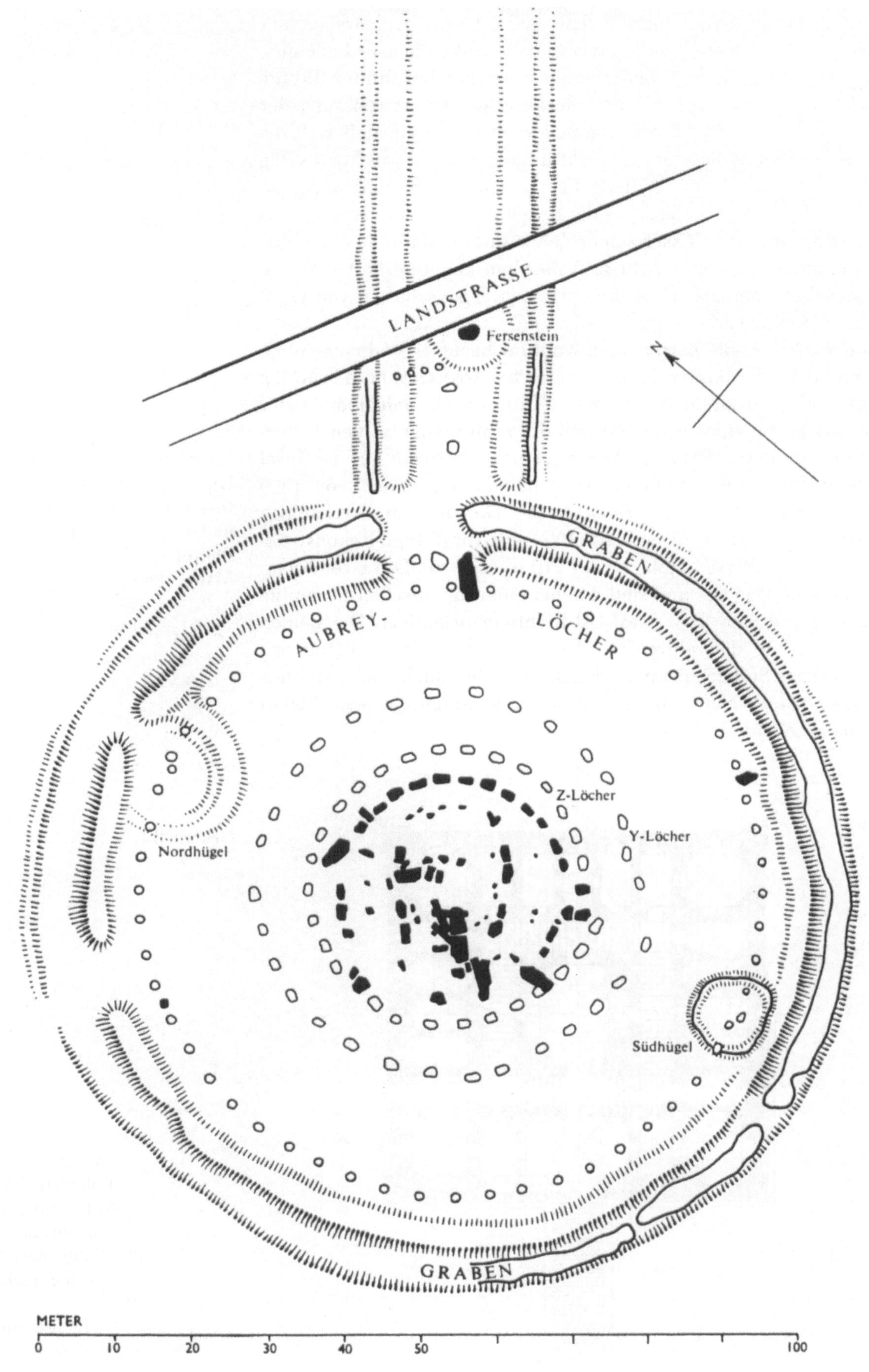

LANDSTRASSE
Fersenstein
N
GRABEN
AUBREY-
LÖCHER
Z-Löcher
Y-Löcher
Nordhügel
Südhügel
GRABEN
METER
0
10
20
30
40
50
100

Die Stadt ALEXANDRIA, seit 323 bzw. 305 v. Chr. Residenzstadt der Könige der Ptolemäer-Dynastie, war in der Antike ein sehr bedeutendes Zentrum der Naturwissenschaften mit einer berühmten Bibliothek. Dort wirkten auch die drei herausragenden Astronomen der Antike: ARISTARCH VON SAMOS nahm als erster (?) an, daß sich die Erde um die Sonne bewegt und nicht umgekehrt; ERATOSTHENES VON KYRENE berechnete den Umfang der Erdkugel erstaunlich genau; CLAUDIUS PTOLEMÄUS mißachtete die Erkenntnisse des ARISTARCH, als er das astronomische Wissen seiner Zeit zusammenfaßte in einer später »Almagest« genannten Schrift. Außerdem kannten die Gelehrten in ALEXANDRIA damals schon die optischen Eigenschaften von Glaslinse und Hohlspiegel.

Von wo hatten die Astronomen wohl beobachtet? Wahrscheinlich auch von dem berühmten LEUCHTTURM VON ALEXANDRIA, den König PTOLEMAIOS I. SOTER ab etwa 300 v. Chr. durch den Baumeister SOSTRATOS VON KNIDOS errichten ließ. Er zählte dann zu den Sieben Weltwundern des Altertums.* Von diesem Leuchtturm auf der Insel Pharos blieben nur Grundmauern erhalten, auf denen vor 1500 n. Chr. das Kastell Kait Bey erbaut wurde. Der deutsche Archäologe HERMANN THIERSCH veröffentlichte 1909 eine sorgfältige Rekonstruktion des Turms, dessen Höhe er auf 110 m schätzte. Die Grundmauern bilden ein Quadrat und sind wie bei einer ägyptischen Pyramide genau in Nord-Süd- bzw. West-Ost-Richtung orientiert. Die beiden Plattformen und die zahlreichen Außenkammern des Leuchtturms boten günstige Standorte, um nach Schiffen, aber auch nach den Sternen Ausschau zu halten, ohne daß das Leuchtfeuer in etwa 100 m Höhe dabei blendete.

* Ekschmitt, Werner: Die Sieben Weltwunder. Ihre Erbauung, Zerstörung und Wiederentdeckung. Philipp von Zabern, Mainz 1984

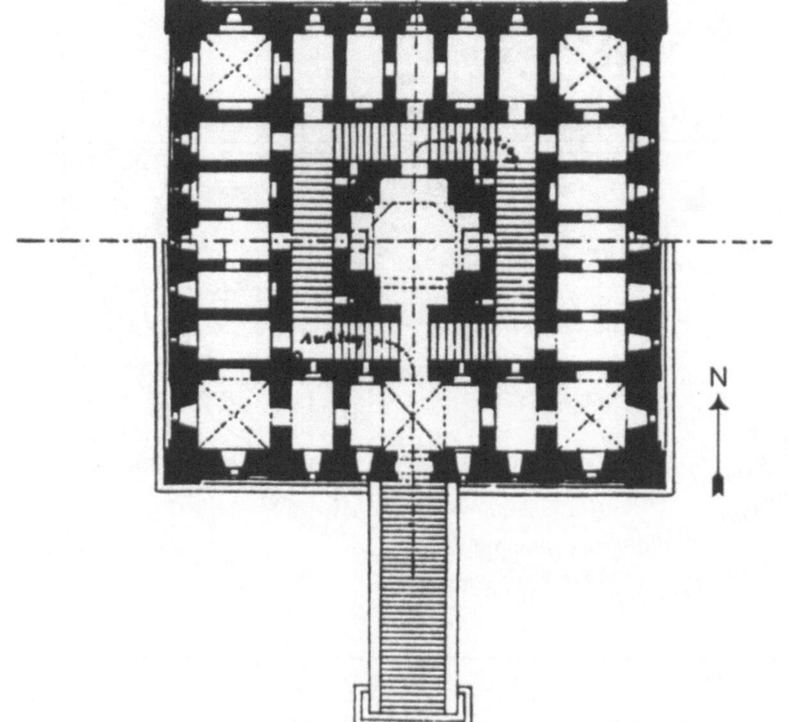

Grundriß

Rekonstruktion des Leuchtturms von Alexandria: Aufriß der Südseite (oben rechts)

Längsschnitt von Süd nach Nord (unten rechts)

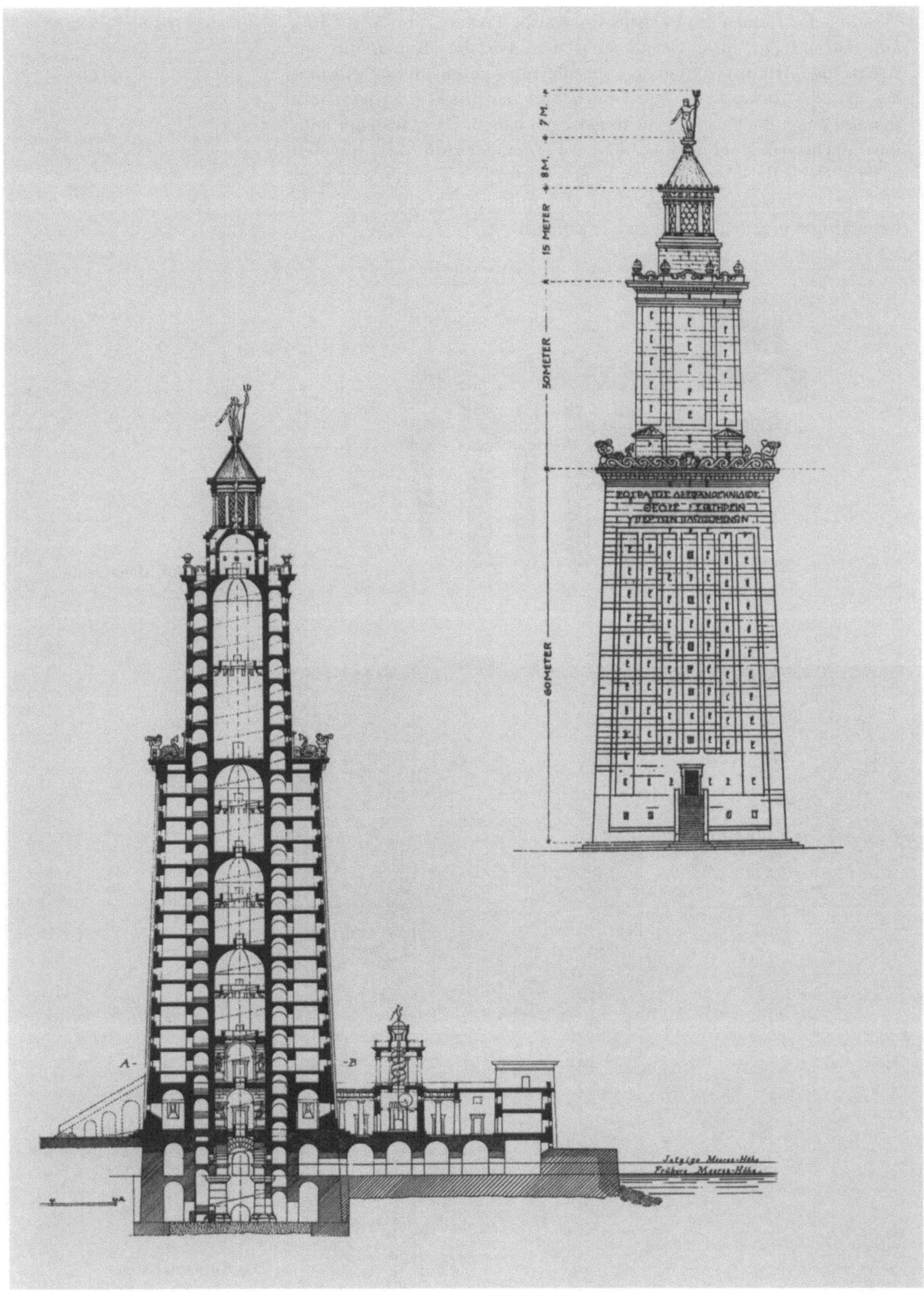

7 M.
8 M.
15 METER
30 METER
60 METER
ΣΩΣΤΡΑΤΟΣ ΔΕΞΙΦΑΝΟΣ ΚΝΙΔΙΟΣ
ΘΕΟΙΣ ΣΩΤΗΡΣΙΝ
ΥΠΕΡ ΤΩΝ ΠΛΩΙΖΟΜΕΝΩΝ
Jetzige Meeres-Höhe
Frühere Meeres-Höhe

Westlich der Ruinen des Palastes von Kaiser TIBERIUS (14–37 n. Chr.), am Ostrand der Insel CAPRI, steht eine einzelne Ruine, die der Archäologe AMEDEO MAIURI als »Specularium« bezeichnete. Er nimmt an, daß die dicken, von Nord nach Süd orientierten Erdgeschoßmauern einen Beobachtungsturm getragen haben. Ein stattlicher antiker Leuchtturm steht noch auf einem Felsen, der zum Meer hin steil abfällt. Nach Berichten der römischen Historiker TACITUS und SUETON lebte TIBERIUS zurückgezogen und mißtrauisch auf CAPRI und beschäftigte u. a. den Astrologen TRASILLUS.

Grundriß der Mauerreste

Die Ruine des sog. Specculariums auf Capri

Das alte Amerika ist ein ergiebiges Feld für archäo-astronomische Forschungen, zahlreiche indianische Bauwerke bzw. Ruinen hatten astronomische Bedeutung. Das älteste »Observatorium« aus der Zeit vor Kolumbus ist ein pfeilförmiger Bau auf dem Plateau des MONTE ALBÁN (heiliger Berg der Zapoteken) im Staate Oaxaca, Mexiko. Die meisten Pyramiden und sonstigen Bauten, die den großen heiligen Platz umgeben, sind Nord-Süd orientiert. Auffallend abweichend mit rund 45 Grad ist nur dies eine Bauwerk, der sog. TEMPEL J auf dem Platze. Seine Spitze weist zum südwestlichen Horizont. Der Archäologe ALFONSO CASO, der den MONTE ALBÁN seit 1930 freilegte, sah hier ein Observatorium. Dies wurde bestätigt durch den Experten ANTONIO AVENI und dessen Computer-Berechnungen in Bezug auf die Zeit um 250 v. Chr. Diese Entstehungszeit wurde für den TEMPEL J durch die Radiokarbon-Methode ermittelt, somit gehört er zu den ältesten Bauwerken hier. Seine Achse in Richtung zum nordöstlichen Horizont trifft den Punkt wo damals der helle Stern Capella aufging (gemeint »heliakischer« Aufgang), und zwar an dem Tag im Frühjahr, als die Sonne mittags den Zenit passierte. Dieses Zusammentreffen von zwei astronomischen Daten kann nicht zufällig sein, denn die Linie zum Aufgangspunkt der Capella geht über die Treppen des TEMPELS P hinweg – und dort wurde die Öffnung eines schmalen Schachtes gefunden. Dieser einzigartige Schacht war wie ein Zenit-Teleskop wohl geeignet, diese beiden wichtigen Daten eines Jahres zu bestimmen: wann die Sonne den Zenit passierte.

Das angebliche Observatorium von der Südplattform gesehen

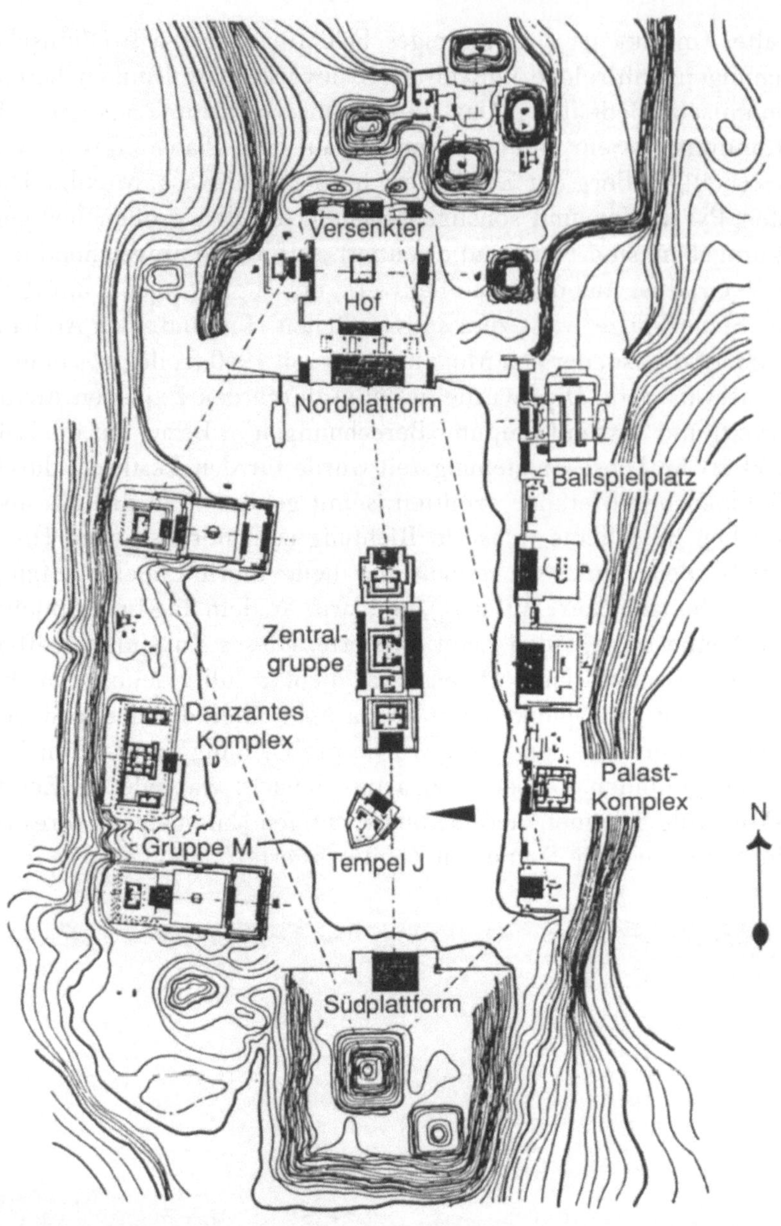

Plan der Ruinen auf dem
Plateau des Monte Albán

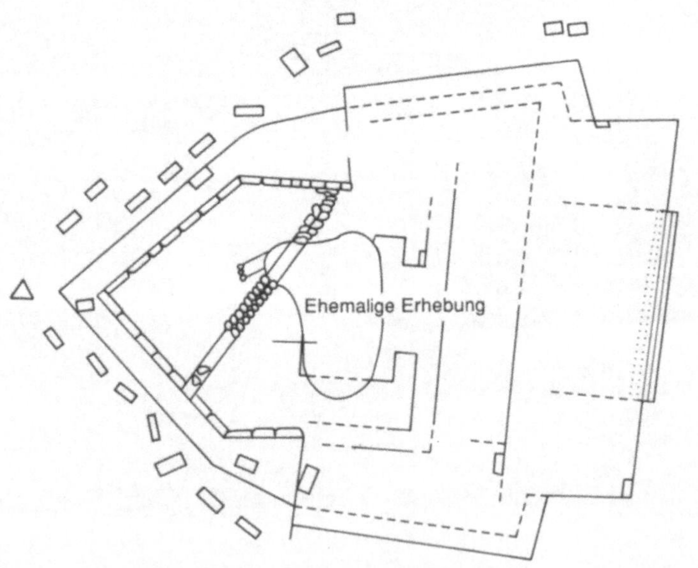

Grundriß des sog. Tempels J

Der Ruinenort PALENQUE im mexikanischen Bundesstaat Chiapas stammt aus dem Alten Reich der Maya. Die nächste große Stadt ist Villahermosa, 100 km nordwestlich. Palenque liegt im subtropischen Tiefland dicht am Rande des Urwalds und war vollständig vom Urwald überwachsen, als es 1773 entdeckt wurde. Der Baukomplex etwa in der Mitte des Ruinenfeldes wird als Palast gedeutet. Der Turm des großen Palastes in PALENQUE ist einzigartig in der Architektur der Maya. Er hat einen fast quadratischen Grundriß und ist, anders als die meisten Mauern des Palastes, etwa Nord-Süd orientiert. Er ist viergeschossig mit einer Gesamthöhe von 18 m. Innen führt eine schmale Treppe bis zum obersten Geschoß, von wo sich eine weite Aussicht bietet. Oben am Turm fand man das Bildzeichen für den Planeten Venus, ein wichtiger Hinweis darauf, daß er als Sternwartenturm – wahrscheinlich auch als Wachtturm – diente. Deutet man bestimmte Inschriften richtig, dann wurde Palenque 642 gegründet und der Turm 782 vollendet. 1955 wurde der teilweise zerfallene Turm wiedererrichtet.

Grundriß des großen Palastes, in der Mitte Grundriß des Turmes (schwarz hervorgehoben)

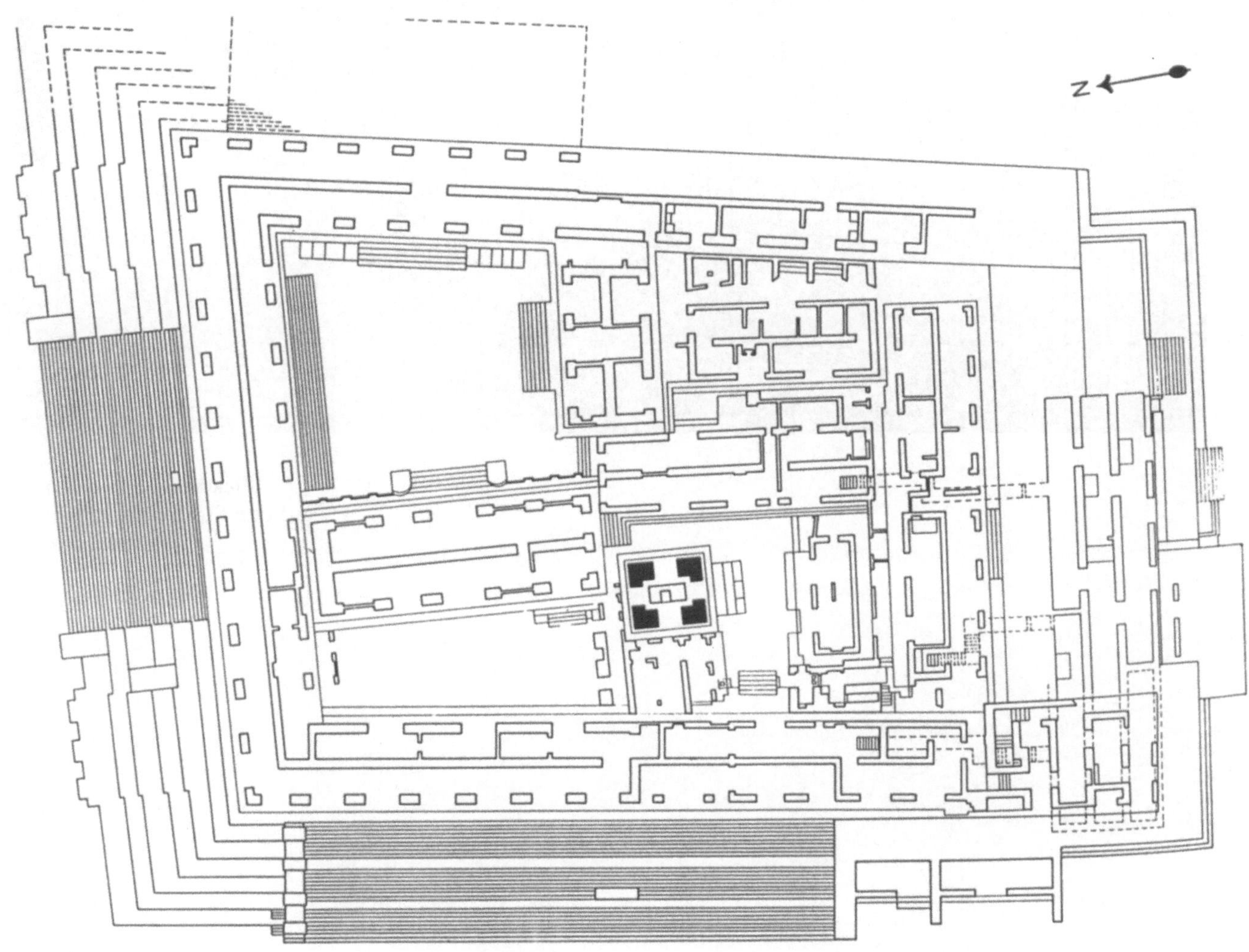

Blick von Südwesten
auf den Sternwartenturm
in Palenque

Die Priester-Astronomen der alten Maya hatten offensichtlich gute Astronomie-Kenntnisse; viele Bauten bzw. Ruinen der Maya sind nach den Aufgangs- und Untergangspunkten bestimmter Gestirne ausgerichtet. Der sog. Caracol in Chichén Itzá, einem Kultzentrum auf der Halbinsel Yucatán in Mexiko, unterscheidet sich in seiner Orientierung von den anderen Bauwerken dort und steht auf zwei übereinander angelegten Terrassen. Die untere Terrasse wurde um 800 n. Chr. begonnen, d. h. vor Beginn des »Neuen Reiches« der Maya. Die enge Wendeltreppe im Turm regte die spanischen Eroberer dazu an, den ganzen Bau Caracol = Schnecke zu nennen. Die Treppe führt zu einer rechteckigen, halb zerstörten Beobachtungskammer. Durch diese Beschädigung gleicht der Rundturm einer Kuppel und dadurch einer neuzeitlichen Sternwarte. In der Kammer sind drei Fenster nach Südwesten, Westen und Nordwesten erhalten. Beobachtungen am vollständig flachen Horizont waren durch Visieren von der inneren über die äußere Fensterkante möglich.

Besondere Merkmale des Caracol sind die durch die Wände oder Ecken der beiden Terrassen und der Fenster gegebenen Visierlinien. Sie wurden mehrmals vermessen, zuletzt von Antonio Aveni und Horst Hartung. Durch die genaue Westrichtung war der Sonnenuntergang an den Äquinoktien festgehalten, nötig und ausreichend für einen Jahreskalender. Die beiden anderen Fenster sind offensichtlich nach den beiden äußersten Untergangspunkten des Planeten Venus im Nord- und Südwesten ausgerichtet. Die Venus wurde von den Maya vergöttlicht. Die Bauarbeiten am Turm dauerten mindestens zwei Jahrhunderte.

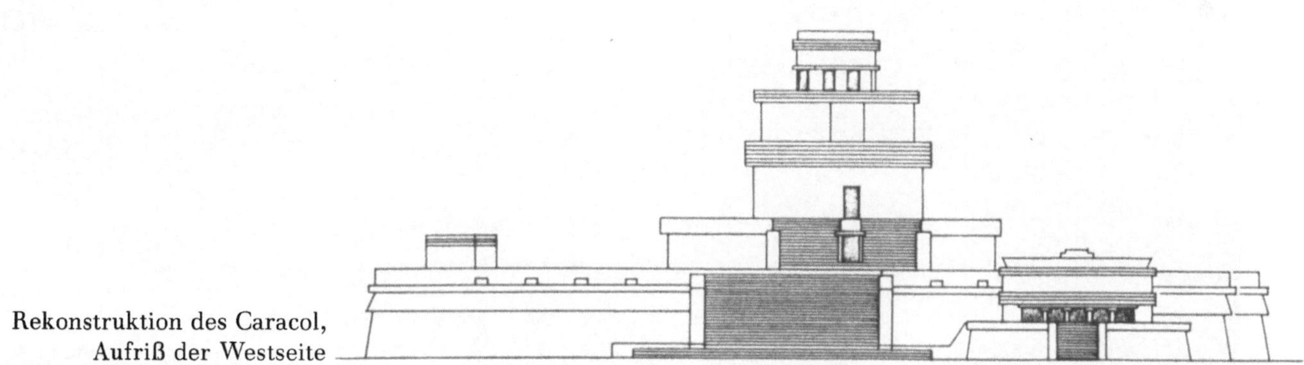

Rekonstruktion des Caracol,
Aufriß der Westseite

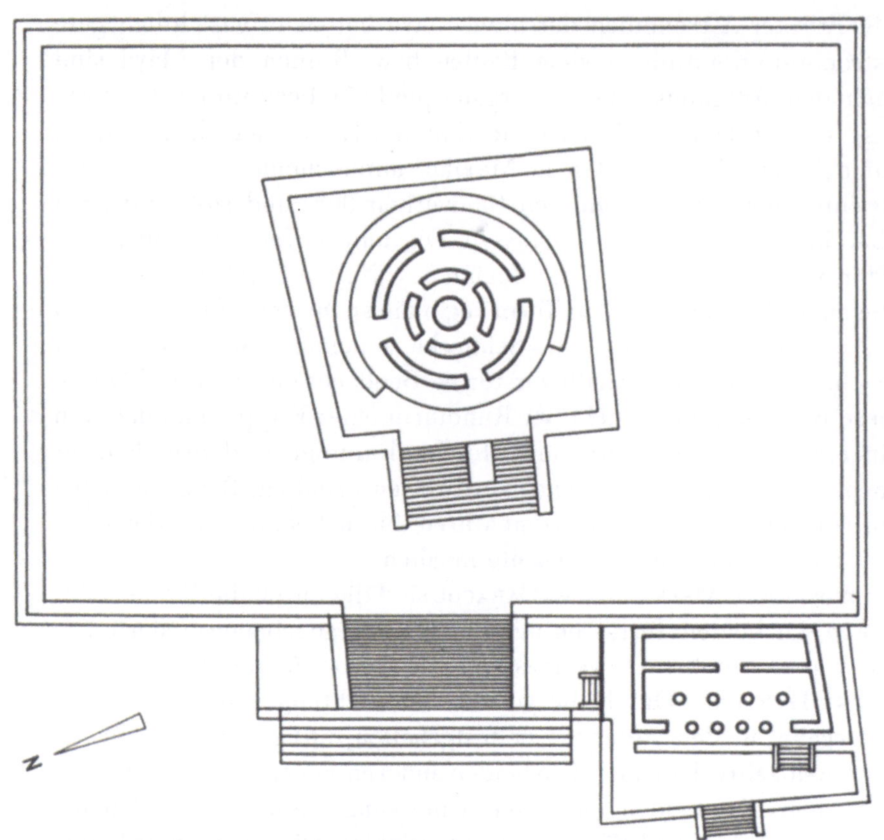

Grundriß des ganzen
Observatoriums,
rekonstruiert

Der Caracol: Rundturm
über zwei Terrassen,
gesehen von Westen

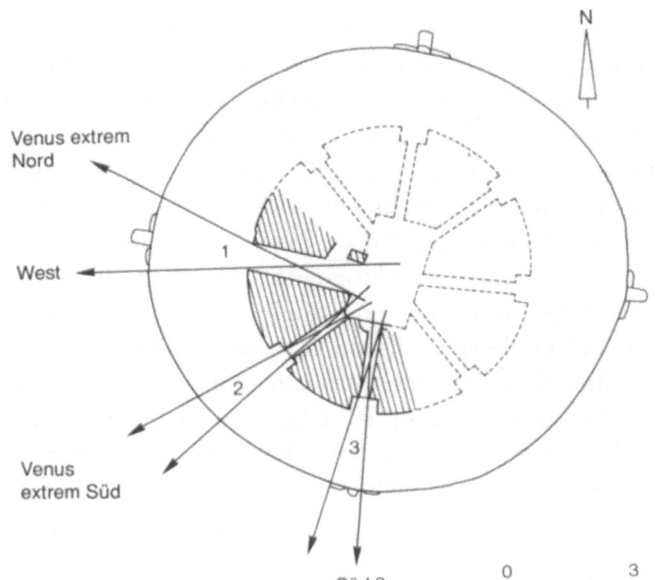

Visierlinien von der
Beobachtungskammer
im oberen Stockwerk

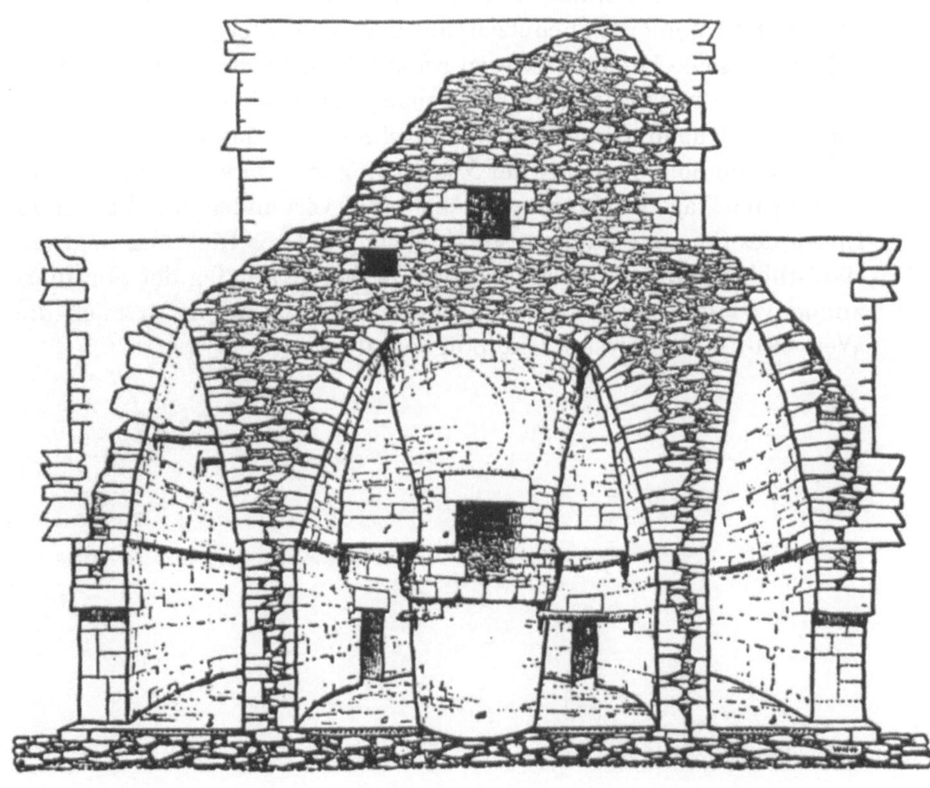

Längsschnitt:
in der Öffnung
des Mittelpfeilers
ist der Anfang der
Wendeltreppe sichtbar

Im alten Peru wurden Sonnen-Observatorien benutzt, sog. »Intihuatana«, d. h. Plätze, wo die Sonne angebunden wird. Sie waren einfacher als der CARACOL in CHICHÉN ITZÁ, dienten aber demselben kalendarischen Zweck. Der wichtigste Intihuatana war der in der Inka-Hauptstadt Cuzco, er wurde von den spanischen Eroberern zerstört und ist verschwunden. Ein beschädigtes Observatorium wurde in den Ruinen oberhalb Pisac gefunden, nicht weit von Cuzco. Der INTIHUATANA von MACHU PICCHU ist als einziger größerer vollständig erhalten. Dieser Ort liegt weit in den östlichen Anden, von den Spaniern nie, erst 1911 von dem Amerikaner HIRAM BINGHAM entdeckt.

MACHU PICCHU ist eine überwältigende archäologische Stätte, einzigartig in der Welt, umgeben von hohen, steilen, mit tropischer Vegetation bedeckten Bergen. Diese mysteriöse Stadt wurde rund 2400 m hoch, über dem wildromantischen Urubamba-Fluß angelegt, nicht sichtbar aus dessen engem Tal. Gegründet wurde sie um 1450. Nach dem endgültigen Untergang des Inkareiches, 1535, zog sich ein Rest des Inkavolkes in diese Wildnis zurück und lebte hier weiter nach den Regeln seiner Religion und Tradition. Das Klima und die Lebensbedingungen sind jedoch so ungünstig, daß diese mühsam aufgebaute Siedlung irgendwann aufgegeben wurde.

Es regnet hier fast 8 Monate im Jahr heftig, aber zur Zeit der Winter-Sonnenwende – 22. Juni auf der Südhalbkugel – ist es trocken und ziemlich sonnig. Der INTIHUATANA von MACHU PICCHU ist am besten als Kalenderstein zu beschreiben: Auf einem Hügel, erhaben über den Ruinen, befindet sich eine Plattform, wo ein vierkantiger Pfeiler, als Gnomon zu benutzen, aus dem Granitfelsen herausgemeißelt wurde. Die beiden größeren senkrechten Flächen des Gnomons weisen nach Nordwest, ziemlich genau 27,5 Grad von der West-Ost-Linie abweichend. Diese Beobachtungslinie trifft den Punkt am Horizont, wo die Sonne am Tag der Winter-Sonnenwende untergeht, dem wichtigsten Tag des Jahres bei den Inka, verbunden mit Festen zu Ehren des Sonnengottes Inti. In entgegengesetzter Richtung liegt am südöstlichen Horizont der Punkt, wo die Sonne am Tag der Sommer-Sonnenwende aufgeht – am 22. Dezember. Außerdem ist auch die West-Ost-Linie in diesem Gnomon enthalten.

Überblick über die
Ruinen von Machu Picchu,
links der Hügel mit dem
Sonnen-Observatorium

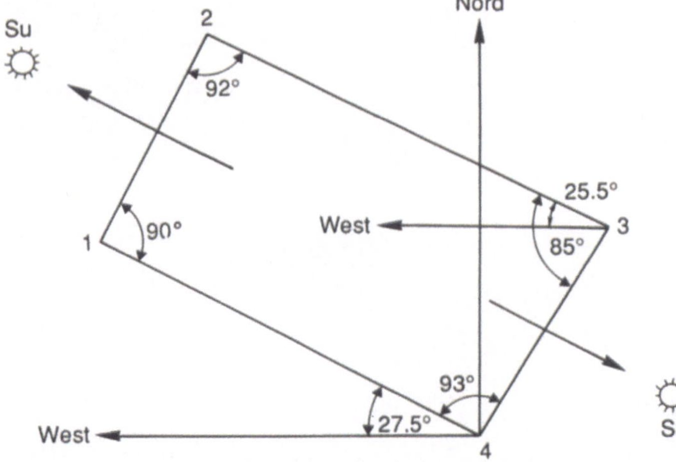

Der Kalenderstein
(Schattenwerfer)
auf der Plattform

Horizontalschnitt durch den
vierkantigen Gnomon:
Su = Sonnenuntergang;
Sa = Sonnenaufgang

Vermutlich ist der flaschenförmige Turm, genannt Chomsong-dae (Terrasse zur Betrachtung der Sterne), in Kyongju in Süd-Korea der älteste noch erhaltene Sternwartenbau in Asien. Die ehemalige Hauptstadt eines Königreiches liegt 340 km südöstlich von Seoul. Königin Songdok aus der Silla-Dynastie, die 632–47 regierte, gab den Auftrag zum Bau. Der Turm ist etwa 10 m hoch und besteht angeblich aus 365 oder 366 Granitsteinen – entsprechend der Zahl der Tage eines Jahres? Es gibt noch mehr Zahlensymbolik, deutliche Indizien für die kalendarische Bestimmung des Turmes. Auf halber Höhe der Südwand befindet sich eine Öffnung als Einstieg: Der Turm war wohl über eine äußere und eine zweite, innere Leiter bis zur Plattform zugänglich. Er wurde weniger für astronomische Beobachtungen benutzt, vielmehr war er Sitz eines Hofastrologen, denn Astronomie, Astrologie und Zahlensymbolik waren im damaligen (kulturell hochentwickelten) China und Korea vereint, ähnlich wie einst bei den alten Babyloniern.

Der astronomisch-astrologische Turm in Kyongju, Südseite

Von den frühen Observatorien der islamischen Kulturen blieb nur
wenig erhalten, hauptsächlich die Reste der Königlichen Sternwarte
in SAMARKAND, der alten Hauptstadt von Usbekistan. ULUGH BEG war
als Prinz selbst Astronom und ließ ab 1424 diese Sternwarte errichten, im wesentlichen ein riesiges Meridian-Instrument in Form eines
Sextanten, der also nach Süden gerichtet ist. Sein Halbmesser beträgt
etwa 40 m. Etwa zwei Drittel davon waren in den Felsen eines
Hügels gehauen, der oberirdische Teil war in einen dreigeschossigen
Rundbau eingefügt. Zwei Schienen aus Marmor bildeten den Sextanten, dazwischen und seitlich waren Stufen für die Beobachter. Nur
Beobachtungen im Meridian waren möglich – aber immerhin
brachte ULUGH BEG einen Sternkatalog heraus.

Nach seinem Tod wurde die Sternwarte vergessen. Erst 1908 entdeckte der russische Archäologe VIATKIN die unterirdischen Reste
des Sextanten wieder.*

* Piini, Ernest W.: Ulugh
Beg's Forgotten Observatory.
Sky and Telescope. 1986,
S. 542–544

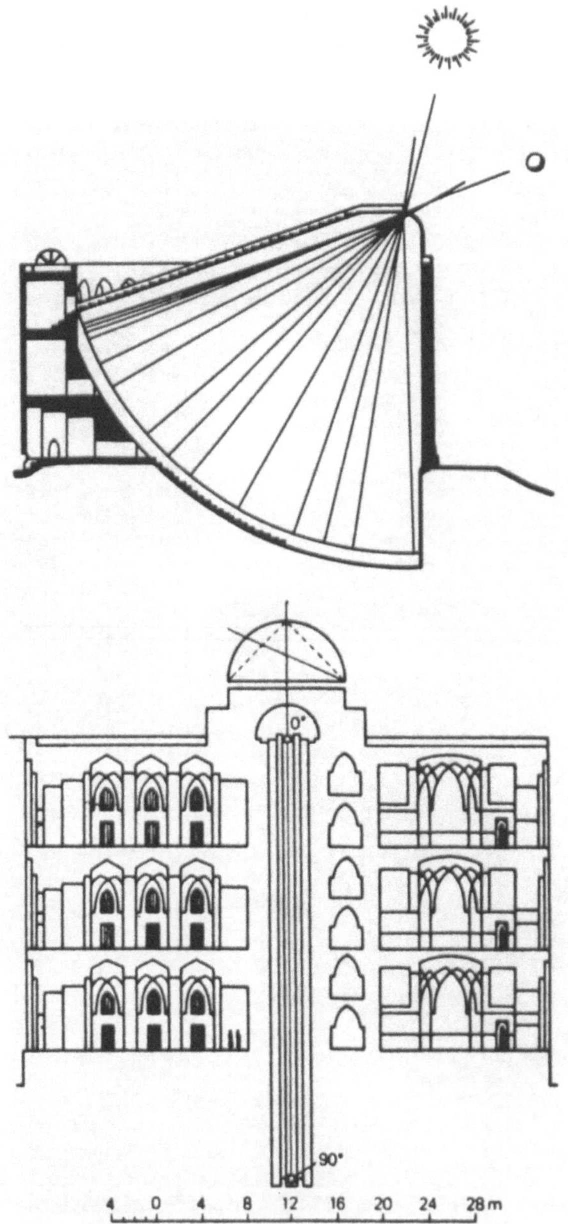

Rekonstruktion des
Meridian-Instruments
(Sextant) im Rundbau,
Längsschnitt von Nord
nach Süd

Längsschnitt von West nach
Ost, der Sextant erscheint als
senkrechter Einschnitt
in der Mitte

Der einzige Rest der
Sternwarte Samarkand:
der unterirdische Teil
des Sextanten

Die alten Chinesen haben auffällige Ereignisse am Himmel (Sonnen-
finsternisse, Supernovae) seit mehreren Jahrtausenden sorgfältig verzeichnet. MARCO POLO berichtete von einer Kaiserlichen Sternwarte
in PEKING, die seit etwa 1280 bestand. Ein neues Zeitalter chinesi-
scher Astronomie begann, als 1673 der flämische Jesuit FERDINAND
VERBIEST und später der deutsche ADAM SCHALL VON BELL die Sternwarte PEKINGS neu organisierten. Sie befindet sich – heute noch – auf
einer Terrasse nahe der Südostecke jener Befestigungsmauer, die die
innere, einst »Verbotene Stadt« umschließt. Zusätzlich zu den erhaltenen chinesischen Instrumenten wurden Himmelskugel, Armillarsphäre und Quadrant, mit Drachen verziert, aufgestellt. Die Jesuiten
erlitten tragische Schicksale in unausweichlichen Auseinandersetzungen mit dem Kaiser und mit einheimischen Astronomen. Einige der
Instrumente wurden 1901 als Kriegsbeute nach Deutschland transportiert und vor der Orangerie in Potsdam bis 1919 ausgestellt. Dann
wurden sie zurückgefordert und auch zurückgegeben. Die historische
Sternwarte von PEKING wurde sorgfältig restauriert und 1983 wieder
geöffnet; sie befindet sich nahe dem modernen Hauptbahnhof.

Die historische Sternwarte
von Peking, Holzschnitt aus
der Zeit nach 1680

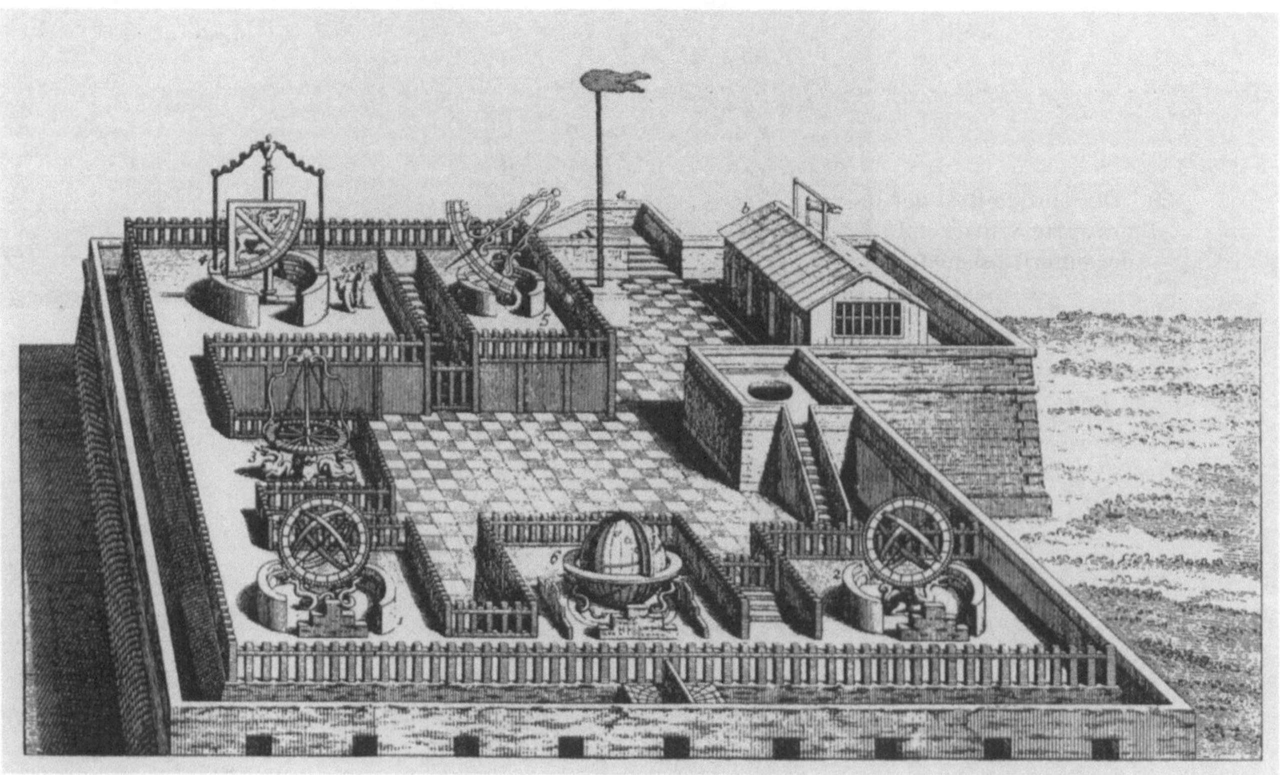

Die alten Instrumente,
ausgestellt in Potsdam,
vorne die Armillarsphäre

Heutige Ansicht der
historischen Sternwarte
von Peking

Auf der Plattform von links:
Sextant, Quadrant,
Armillarsphäre und
Himmelsglobus

Delhi war die letzte Residenzstadt der Mogulkaiser, deren Macht 1707 zu Ende ging. Danach konnte Maharadscha Jai Singh II. von Amber in Rajasthan seinen Einfluß auf Delhi und weit darüber hinaus ausdehnen und gründete vermutlich 1719 seine erste Sternwarte: das Yantar Mantar genannte Observatorium in Delhi. Es gab keine Vorbilder in dieser Größe, aber der Maharadscha hatte immerhin eine Vorstellung von der verlorenen Sternwarte von Samarkand. Das Yantar Mantar besteht im wesentlichen aus zwei einzelnen und zwei Paaren von steinernen Bauwerken, die je ein astronomisches Instrument darstellen und über viele Treppen begehbar sind. Sie sind rosa-orange gestrichen, wohl in Erinnerung an die Sandstein-Architektur der Mogulkaiser. Etwa in der Mitte steht eine äquatoriale Sonnenuhr, genannt Samrat Yantra. Ihre Meridianmauer ist dreieckig, die beiden schrägen Oberkanten weisen zum Himmels-Nordpol. Das sog. Mishra Yantra ist ein Mehrfach-Instrument; seine vier Halbkreise sind auf vier Orte bzw. Meridiane weit weg von Delhi bezogen. Die beiden Ram Yantras sind besonders große Rundbauten, in denen man die jeweilige Position der Sonne messen und somit die Tageszeit und Jahreszeit ablesen konnte.

Das Mehrfach-Instrument Mishra Yantra. Im Hintergrund ein Hochhaus am Connaught Circus (oben rechts)

Die beiden großen Rundbauten, genannt Ram Yantras (unten rechts)

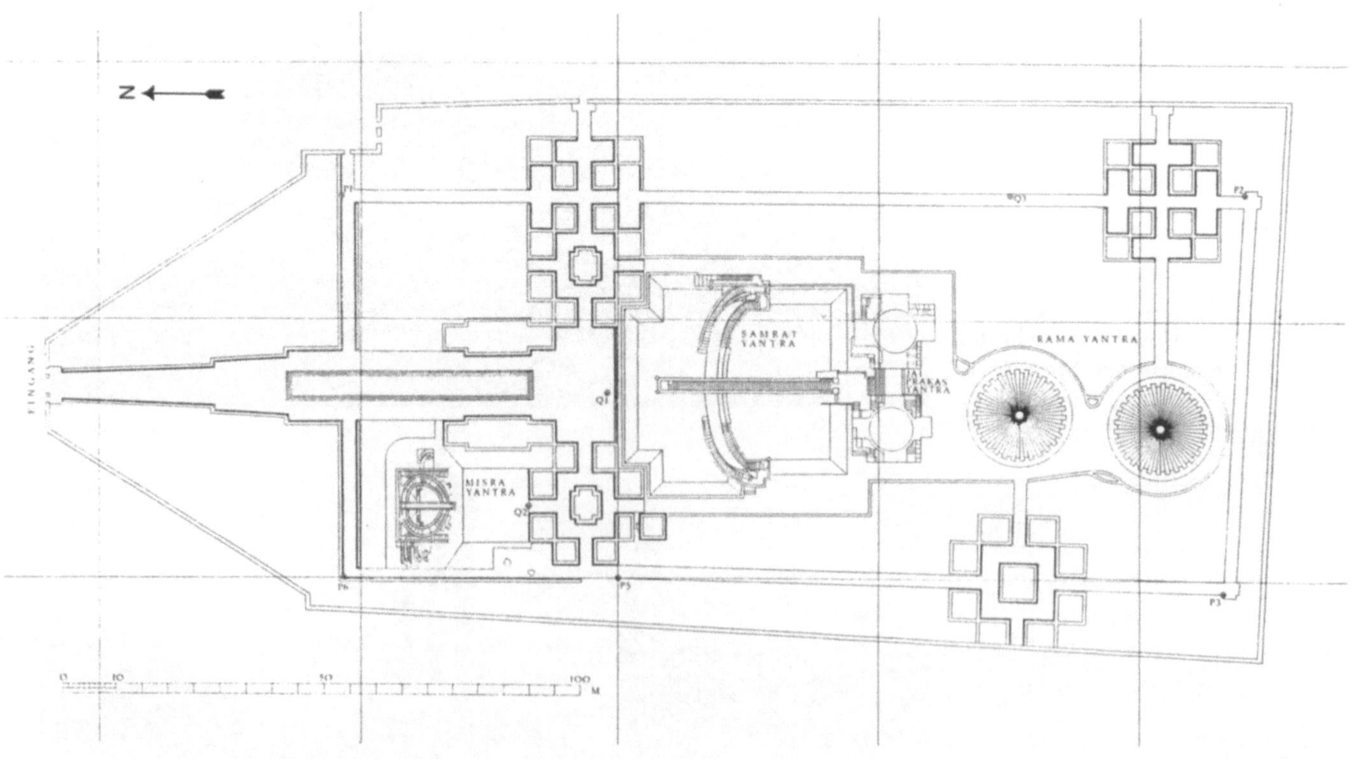

Lageplan

Lageplan

Das YANTAR MANTAR genannte Observatorium in JAIPUR ist das kompliezierteste und großartigste aus Indiens Vergangenheit. Maharadscha JAI SINGH II. gründete 1728 JAIPUR als neue Residenzstadt. Da er selbst ein eifriger Astronom war, ließ er gleichzeitig ein großes Observatorium bauen, auf einem 185 m langen Feld neben seinem Palast. Obgleich Jai Singh II. Beziehungen zu europäischen Jesuiten-Astronomen hatte, verzichtete er auf Linsenfernrohre und folgte der indischen Tradition. Zur Erhöhung der Genauigkeit steigerte er die Größe seiner steinernen Instrumente (Yantras), die auch Einzelteile aus Metall besitzen. Sie sind mit feinen Meßskalen versehen, die in den Stein oder Marmor eingeritzt sind.

Das YANTAR MANTAR in JAIPUR besteht aus 32 Instrumenten bzw. Paaren, die einander ergänzen. Manche sind vom Maharadscha selbst erdacht. Jedes Instrument dient einer bestimmten Beobachtungsart, grundsätzlich zum Messen der Zeit und der Positionen der Himmelskörper (Astrometrie). Die höchste und auffälligste Konstruktion ist die monumentale äquatoriale Sonnenuhr, genannt Samrat Yantra. Ihre große, dreieckige Mauer, genau in der Meridianlinie, ist der Schattenwerfer, am Nordende 27,5 m hoch. Die beiden seitlichen Anbauten stützen zwei in der Ebene des Himmelsäquators angeordnete Quadranten. Mit dem Rand des Schattens, der vormittags auf den westlichen und nachmittags auf den östlichen Quadranten fällt, kann die Ortszeit von Jaipur sehr genau bestimmt werden. Es gibt noch eine gleichartige, kleinere Sonnenuhr und eine dritte, genannt Narivalaya, die für das Sommer- und Winterhalbjahr zweigeteilt ist. Die Ram Yantras sind eine Kombination von zwei Rundbauten aus dünnen Pfeilern zur Messung von Höhe und Azimut der Sonne. Die Jai Prakash Yantras sind zwei Armillarsphären, halbkugelförmige, in eine Plattform eingelassene Schalen aus Marmor. Sie stellen zwei umgekehrte Himmelshalbkugeln dar und sind von unten her über Treppen zugänglich. Außergewöhnlich sind die Rashivalaya Yantras, eine Zusammenstellung von zwölf Instrumenten, jedes dem Sternbild eines Tierkreiszeichens zugeordnet. Sie zeigen, daß auch astrologische Aspekte wichtig waren. Diese zwölf Instrumente sehen wie verkleinerte Nachbildungen der äquatorialen Sonnenuhren aus. Die mittleren Bauteile aber, die »Schattenwerfer«, sind alle verschieden, was ihre Richtung und Neigung betrifft. Sie sind auf bestimmte Punkte der Ekliptik bezogen.

Das Observatorium in JAIPUR wurde 1876–1901 von den Engländern restauriert und ist seitdem als wertvolles Kulturdenkmal zu besichtigen.

Plan des Observatoriums von Jaipur

Die große äquatoriale Sonnenuhr: Aufriß der Meridianmauer (Westseite) und Schnitt durch den westlichen Turm

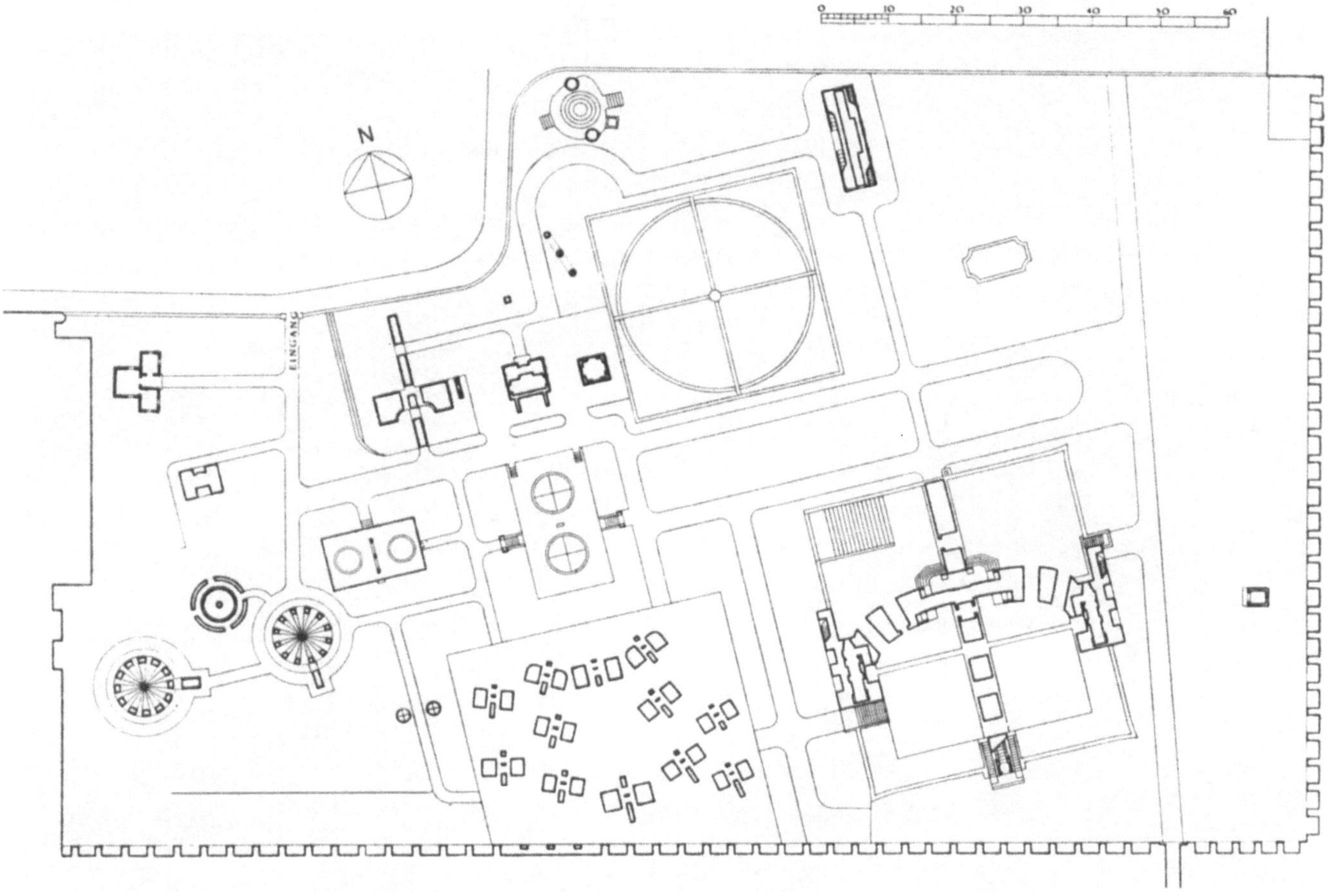

N
EINGANG

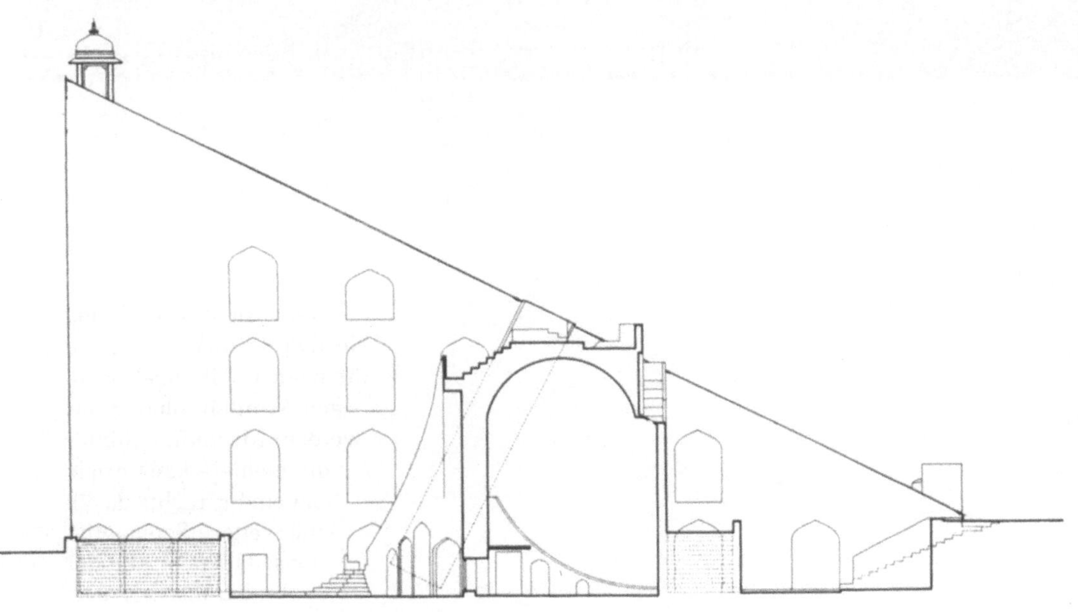

Teilansicht in Richtung
Nordwest: im Vordergrund
die beiden halbkugelförmigen Armillarsphären aus
weißem Marmor, dahinter
die kleinere äquatoriale
Sonnenuhr, rechts davon
eine weitere Sonnenuhr.
Jenseits der Straße der
Maharadscha-Palast

Das große Samrat Yantra
von Westen, davor zwei
bewegliche Metallringe,
genannt Chakra Yantras

Das nördliche Ram Yantra;
der Stab in der Mitte des
Rundbaus ist ein Schattenwerfer, rechts die kleinere
Sonnenuhr

Vorne das sog. Rashivalaya:
12 kleine »Sonnenuhren«, die
auf die 12 Tierkreiszeichen
bezogen sind.
Sie tragen die Namen dieser
Zeichen auch in lateinischer
Sprache

Am Ende des Mittelalters und zu Beginn der Renaissance-Zeit wurde in NÜRNBERG schon praktische Astronomie betrieben. Der bedeutende Astronom JOHANN MÜLLER, gen. REGIOMONTANUS, lebte 1471–74 hier und machte vermutlich als erster Himmelsbeobachtungen. Sein jüngerer Freund, der wohlhabende Liebhaberastronom BERNHARD WALTHER, besaß das Haus, das später ALBRECHT DÜRER erwarb. WALTHER ließ 1502 in die südliche Giebelwand zwei kleine Fenster einsetzen, um den südlichen Himmel beobachten zu können. Mit dem sog. Jakobsstab (Dreistab) maß er den Höchststand der Sonne in der Mittagslinie. Diese Giebelwand ist noch erhalten bzw. nach der Zerstörung von 1944 wiederaufgebaut.

Der Astronom GEORG CH. EIMMART hatte seit 1677 einen Beobachtungsplatz unter freiem Himmel, auf einer Bastion nördlich der Nürnberger Burg, wo er langbrennweitige Fernrohre aufgestellt hatte.* Nach seinem Tod blieb auch sein Observatorium nicht lange erhalten.

* Pilz, Kurt: 600 Jahre Astronomie in Nürnberg. Hans Carl Nürnberg. 1977

Das Albrecht-Dürer-Haus in Nürnberg, Rückseite, mit den beiden kleinen Fenstern oben in der Giebelwand

Die Sternwarte von Eimmart
nördlich der Nürnberger
Burg (1677), zeitgenössischer
Kupferstich. Neben Quadrant
und Sextant sind langbrennweitige Fernrohre aufgestellt

Die »erste fest eingerichtete Sternwarte Europas in der Neuzeit« (d. h. nach dem Mittelalter) war offensichtlich die am Landgrafenschloß KASSEL. Initiator, Eigentümer und Astronom war Landgraf WILHELM IV. von Hessen-Kassel. Um 1560 ließ er an den Südwest- und Südostecken seines Schlosses zwei dreigeschossige Anbauten errichten, von den Terrassen darüber hatte er freien Ausblick über das Tal der Fulda. Auf diesen Terrassen standen zwei Sextanten, ein Torquetum, ein Azimutal-Quadrant und ein herrlicher Himmelsglobus aus Kupfer. Der Quadrant von EBERHARD BALDEWEIN und der Globus, begonnen von JOST BÜRGI, sind angeblich die ältesten erhaltenen Geräte dieser Art.

1811 brannte das Landgrafenschloß ab, an dieser Stelle steht heute das Regierungspräsidium. Eine Ausstellung im Hessischen Landesmuseum in Kassel war 1980 dieser »ersten Sternwarte« gewidmet. Eine Rekonstruktion der südwestlichen Beobachtungs-Terrasse, in einer Halle des Museums mit den fünf wertvollen historischen Instrumenten (drei davon sind rekonstruiert), wurde von Prof. Dr. LUDOLF VON MACKENSEN erarbeitet.

Das ehemalige Landgrafenschloß in Kassel, Südseite, an den Ecken die beiden dreigeschossigen Anbauten. Graphische Darstellung um 1790

Verkleinerte Rekonstruktion
der südwestlichen Beobach-
tungsterrasse mit den damals
benutzten Instrumenten im
Hessischen Landesmuseum
Kassel

Die erste größere Sternwarte im nachmittelalterlichen Europa wurde auf einer einsamen Insel im Norden gebaut. Die kleine INSEL HVEN liegt im Öresund 24 km nordöstlich von Kopenhagen und gehört heute zu Schweden. Sie wurde dem adligen Astronomen TYCHO BRAHE von seinem Gönner, König FRIEDRICH II. von Dänemark, überlassen. Hier ließ sich TYCHO 1576–81 ein stattliches Gebäude errichten, das erste wirkliche Sternwartengebäude. Es war für ihn Wohnhaus und Sternwarte zugleich und wurde URANIENBURG (Himmelsburg) genannt. Der Architekt JAN VAN STEENWINKEL d. Ä. entwarf die Uranienburg als Zentralbau über einem Kreuzgrundriß, dem Ideal des Renaissancestils entsprechend. Dieses Gebäude war streng nach den vier Haupt-Himmelsrichtungen orientiert, ebenso das Mauerviereck um die Uranienburg mit ihrem Park. Vier Tore führten in diese Richtungen hinaus. Für Beobachtungen dienten im wesentlichen der Turm in der Mitte und vor allem die hölzernen Anbauten nach Norden und Süden, die im Hauptgeschoß nach außen offen waren und je zwei abnehmbare Kegeldächer hatten. Tycho Brahe war ein hervorragender Beobachter, arbeitete mit selbstgebauten Instrumenten und bevorzugte einen Mauerquadranten. Die Uranienburg hatte schon die Merkmale einer fortschrittlichen Sternwarte des 19. Jahrhunderts: isolierte Lage im Park, Kreuzgrundriß entsprechend den vier Haupt-Himmelsrichtungen, steinerne Stützpfeiler unter den Instrumenten.

Ein Azimutal-Quadrant stand in der STERNENBURG, einer 1584 außerhalb des Mauervierecks errichteten zweiten Sternwarte, die ebenfalls erstaunlich modern angelegt war: für jedes Instrument gab es da eine Vertiefung im Erdboden und ein zeltförmiges Schutzdach darüber. TYCHO lebte auf seiner Insel wie ein autonomer Herrscher, besaß eigene Instrumentenwerkstatt, Papiermühle, Druckerei und sogar ein Gefängnis für widerspenstige Bauern, fiel aber in Ungnade und mußte 1598 nach Prag auswandern. Er hinterließ eine genaue Beschreibung seiner beiden Sternwarten in Latein, mit Holzschnitten versehen (siehe Bildnachweis).

Die einst bewundernswerte URANIENBURG wurde zerstört und verfiel. Bei Ausgrabungen seit etwa 1900 wurden die Grundmauern freigelegt, ein kleines Museum eingerichtet und die STERNENBURG teilweise rekonstruiert.*

* Jern, Henrik: Tycho Brahe Minderne pa Hven. Kopenhagen – Stockholm 1989

ARCIS VRANIBVRGI QVO AD TOTAM CAPACITA-
TEM DESIGNATIO.

Die Uranienburg
auf der Insel Hven,
Plan der ehemaligen
befestigten Anlage

ORTHOGRAPHIA PRÆCIPVÆ DOMVS ARCIS VRANIBVRGI IN
INSVLA PORTHMI DANICI   HVÆNNA, ASTRONOMIÆ
INSTAVRANDÆ GRATIA   CIRCA ANNUM 1580. A
TYCHONE BRAHE   EXÆDIFICATÆ.

Die Ostseite der Uranienburg

Modell der Uranienburg
im Deutschen Museum
in München

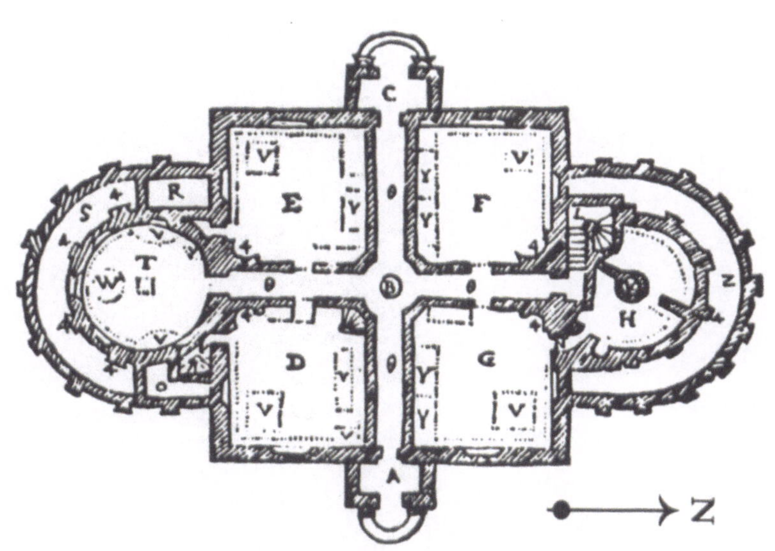

Grundriß des Erdgeschosses
mit Beschriftung in Latein

A Ianua Orient: C Occident. Θ Tranfitus 4 ad angulos rectos concurrentes.
B Fons Aquarium uolubilem rotans qui aquas hinc inde cum lubet eiaculatur.
D Cœnaculum hybernum. EFG Cameræ pro hofpitibus. L Gradus pro afcenfu
in fuperiorem contignationem. H Coquina. K Puteus 40 uln. profundus, artificio
hydatico feruiens, & aquas per Syfiphones in fingulas cameras diftribuens.
P Gradus pro defcenfu in Laboratorium. T Bibliotheca. W Globus magnus Ori-
chalcicus. V menfæ. 4. Quatuor Camini. Y Lecti. Cætera acutus infpector facile
per fe difcernet. ‖
                                                                    ARCIS

Die Sternenburg

Die VATIKANISCHE STERNWARTE in ROM (SPECOLA VATICANA) verdankt ihre Entstehung 1576 einem schwerwiegenden astronomischen bzw. kalendarischen Problem: Im 16. Jahrhundert war deutlich geworden, daß der sog. Julianische Kalender – eingeführt von JULIUS CAESAR 46 v. Chr. – nicht mehr stimmte. Da dies für die Katholische Kirche u. a. wegen der Festlegung des Osterfestes wichtig war, bemühte sich besonders der Dominikanerpater IGNAZIO DANTI in Rom um eine Korrektur. Der Päpstliche Palast ist ein ausgedehnter Komplex von Gebäuden, die im wesentlichen in der Zeit der Renaissance und des Barock entstanden. In der Mitte der langen Westfront ragt der sog. TURM DER WINDE hervor, von OTTAVIANO MASCHERINO als der älteste astronomische Turm in Europa (in nachmittelalterlicher Zeit) erbaut und benannt nach dem antiken Turm der Winde in Athen (ca. 40 v. Chr.), der kein Observatorium, sondern ein Uhrenhaus gewesen war. Jener achteckige Athener Turm trägt außen Reliefdarstellungen von acht Windgöttern. An den Wänden des etwa kubischen Meridianzimmers im vierten Obergeschoß des vatikanischen Turms sind auf Fresken von NICCOLÒ CIRCIGNANI (Pomarancio) u. a. die Windgötter der vier Haupt-Himmelsrichtungen dargestellt. Im Boden des Meridianzimmers ist eine Meridianlinie durch einen schmalen Marmorstreifen markiert, darüber befindet sich in der Südwand ein Loch für einfallende Sonnenstrahlen. P. Danti konnte hier demonstrieren, daß der damalige Kalender nicht mehr stimmte. Daraufhin führte Papst GREGOR XIII. 1582 die heute noch gültige Gregorianische Kalender-Reform durch.

Der Turm der Winde diente eine beschränkte Zeit als Sternwarte und bekam später eine kleine Kuppel aufgesetzt. Zwei seiner Geschosse gehören zum großen Komplex der Vatikanischen Museen.

Am Gebäude der Päpstlichen Universität Collegio Romano in Rom wurde 1787 ein Sternwartenturm errichtet. Papst LEO XIII. schuf 1891 die neue, heute noch bestehende Vatikanische Sternwarte, genannt SPECOLA VATICANA. Für sie wurde ein alter Turm der Befestigungsmauer der heutigen Vatikanstadt (Leonischer Turm) mit einer Kuppel überbaut. Mit dem darin aufgestellten Astrographen konnten die Vatikanischen Astronomen an dem internationalen Unternehmen »Carte du Ciel« mitwirken. In den Jahren 1932–35 wurde die Sternwarte nach der Päpstlichen Sommerresidenz in CASTEL GANDOLFO (25 km südöstlich von Rom) verlegt. Da die heutige Vatikanische Sternwarte ihre Tradition auf den Turm der Winde zurückführen kann, ist sie als Institution die älteste Sternwarte der Welt, die noch in Funktion ist.

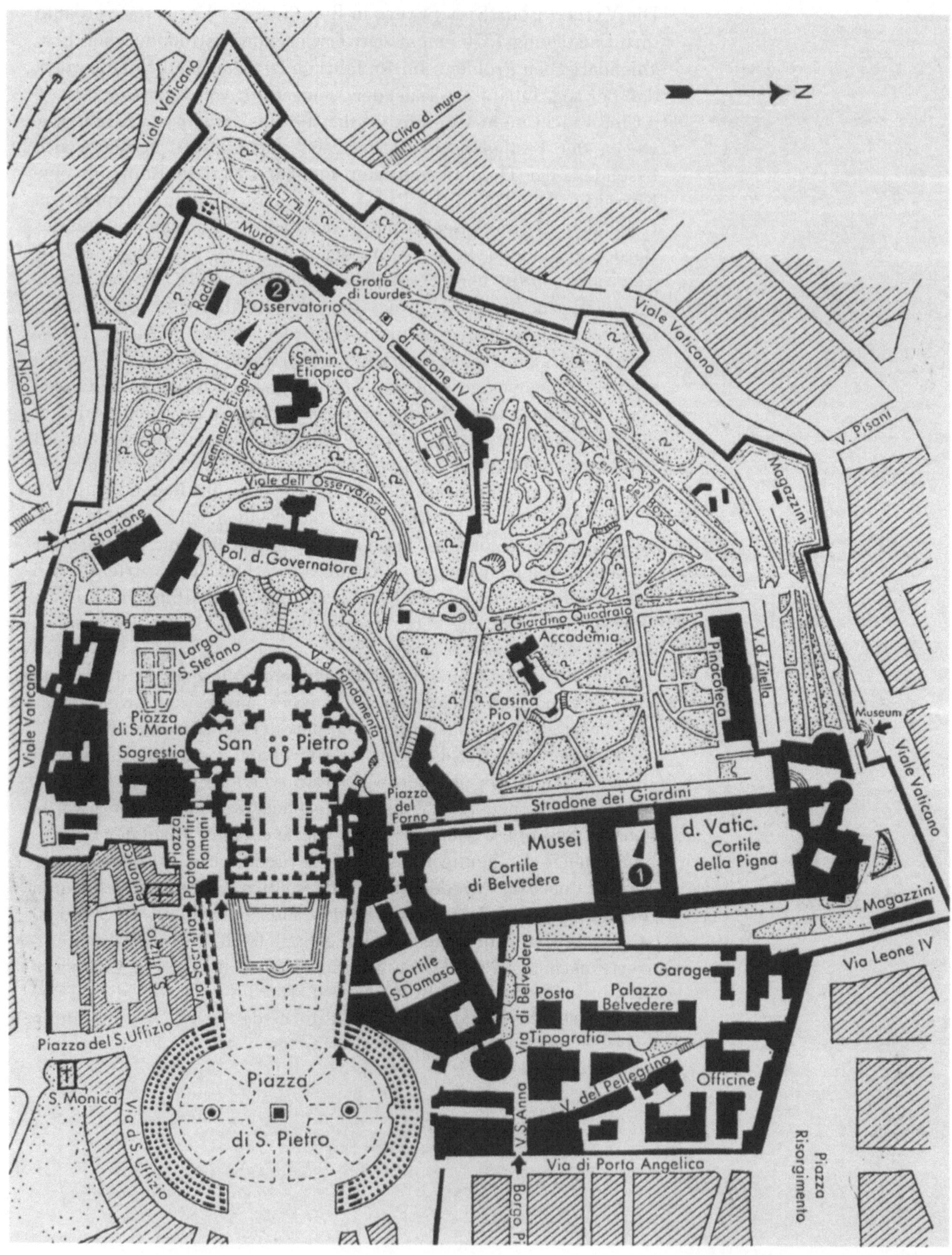

Plan der Vatikanstadt mit
dem Turm der Winde ① und
dem Leonischen Turm ②

Der Turm von Südosten,
in der Ecke des heutigen
Bibliothekshofes,
rechtwinklig anstoßend
der später eingefügte
»Braccio Nuovo«

Der Turm der Winde,
Aufriß der Ostseite

Die Südwand
des Meridianzimmers
mit dem Fresko
»Sturm auf dem
See Genezareth«, im Mund
des Windgottes ganz oben
die kleine Öffnung
für den Sonnenstrahl, am
Boden die Meridianlinie

Gebäude der
Päpstlichen Universität
»Collegio Romano« in Rom
mit dem Sternwartenturm
von 1787

Der RUNDE TURM in KOPENHAGEN, im Zentrum der Stadt in der Kob-
magergade, hat eine Doppelfunktion als Turm der Universitätskirche
St. Trinitatis und als Sternwartenturm. Er war 1642 vollendet und
nach der Uranienburg königlich-dänische Sternwarte. Der erste
Astronom hier war CHRISTIAN LUMBORG, genannt LONGOMONTANUS,
ein Schüler von TYCHO BRAHE. Obgleich ein frühbarockes Bauwerk,
zeigt der RUNDE TURM eine eigenartige Stilmischung: Das Portal ist
gotisch und die Zwillingsfenster sind romanisch. Die rebusartige
Inschrift an der Westseite bezieht sich auf den Bauherrn, König
CHRISTIAN IV. Innen führt eine wendelförmige Rampe hinauf, die für
Reiter und Pferdekutschen vorgesehen war. Sie umschließt einen
senkrechten Schacht, der die ganze Höhe des Turmes (35 m) ein-
nimmt. Der Baumeister JAN VAN STEENWINKEL d. J. hat hier womög-
lich seine Vorstellung vom verlorenen Turm von Babylon verwirklicht. Ursprünglich standen auf der runden Plattform zeltförmige
Schutzhütten für Instrumente, um 1900 wurde hier eine kleine Kuppel für eine Volks-Sternwarte aufgestellt.

Die Westseite des Runden
Turmes mit der rebusartigen
Inschrift. Zeitgenössische
Darstellung

Außenansicht bzw. Aufriß
zusammen mit der
Trinitatis-Kirche, Südseite
(oben links)

Längsschnitt
von West nach Ost
(unten links)

Heutige Ansicht,
mit einer kleinen Kuppel
auf der Plattform

Die für Reiter gedachte
wendelförmige Rampe
im Inneren des
Runden Turmes

Es gibt kein Vorbild für die von Ludwig XIV. gegründete Königliche Sternwarte Paris, sie war aber Vorbild für die Sternwarten in Greenwich, Berlin und St. Petersburg. Ein Jahr nach Gründung der Französischen Akademie der Wissenschaften, nämlich 1667, wurde mit dem Bau der Sternwarte begonnen – auf einem freien Feld südlich der Residenzstadt. Im heutigen Paris führt die »Avenue de l'Observatoire« im 14. Stadtbezirk vom Garten des Luxembourg-Palastes gerade auf den Eingang der Sternwarte zu.

Der Architekt Claude Perrault baute gleichzeitig mit dem Observatorium auch sein Meisterwerk, die Ostfassade des Louvre-Palastes. Beide Gebäude hatten das Flachdach gemeinsam. Bei den Arbeiten an den Fundamenten entdeckte man im Untergrund Teile der Pariser Katakomben, die man wegen ihrer konstanten Temperatur schließlich als Keller für Uhren nutzte. Das Observatorium wurde mit diesen Katakomben durch eine Wendeltreppe in einem röhrenförmigen Schacht verbunden, der nach oben durch alle Decken und sogar durch das Dach verlängert wurde, auf insgesamt 55 m Höhe. Ursprünglich war er für ein zum Zenit gerichtetes Fernrohr gedacht! An der Südfassade der Sternwarte sind nur zwei Stockwerke zu sehen, weil das Niveau hier höher ist als an der Nordseite. Diese Fassade zum Park ist durch zwei achteckige Türme an den Enden verlängert. Alle Räume sind überwölbt, das ganze Gebäude schien eher ein Palast zum Ruhme des Königs zu sein als eine passende Behausung für Astronomen.*

Daher war der erste Königliche Astronom, der aus Bologna berufene Giovanni D. Cassini, bei seiner Ankunft 1669 enttäuscht und führte harte Auseinandersetzungen mit dem Baumeister, der nicht viel ändern wollte. Ein großer Beobachtungsraum wurde im zweiten Obergeschoß nach Süden zu eingerichtet. Eine Meridianlinie im Fußboden verläuft vom mittleren Südfenster zum Nordfenster. Sonnenstrahlen genau parallel zu dieser Linie legten die örtliche Mittagszeit fest. Das Flachdach war für Refraktoren mit sehr langer Brennweite nützlich. Um 1850 wurden zwei weiße Kuppeln auf die beiden Ecktürme gesetzt. In der südöstlichen Kuppel ist der ursprüngliche Refraktor erhalten; seine 38 cm-Objektivlinse wurde von den Brüdern Paul und Prosper Henry hergestellt, die Brennweite beträgt 9 m.

In der Pariser Sternwarte wurde auch erfolgreiche astronomische Arbeit geleistet: 1676 bestimmte der Däne Olaf Römer die Lichtgeschwindigkeit, 1889 beschloß man hier ein umfangreiches internationales Werk, genannt »Carte du Ciel« (= fotografische Erfassung des Nordhimmels). Der dafür nötige Astrograph wurde in einem eigenen kleinen Bau im Park aufgestellt. Wichtig ist immer noch der Zeitdienst, in Zusammenarbeit mit dem Büro für Maße und Maßeinheiten.

* Petzet, Michael:
Claude Perrault als Architekt
des Pariser Observatoriums.
Zeitschrift für
Kunstgeschichte Jg. 30, 1967
S. 1–54

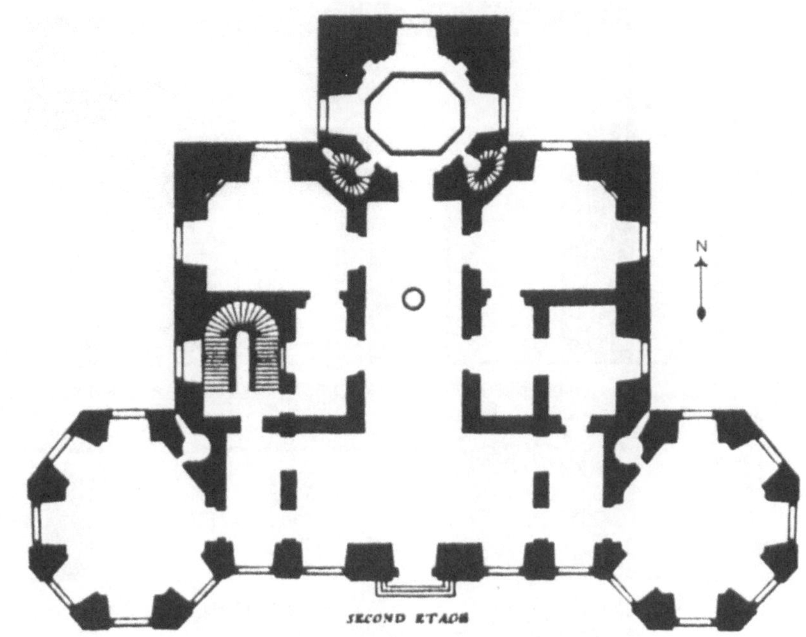

Das einst Königliche
Observatorium von Paris,
Grundriß des zweiten
Obergeschosses

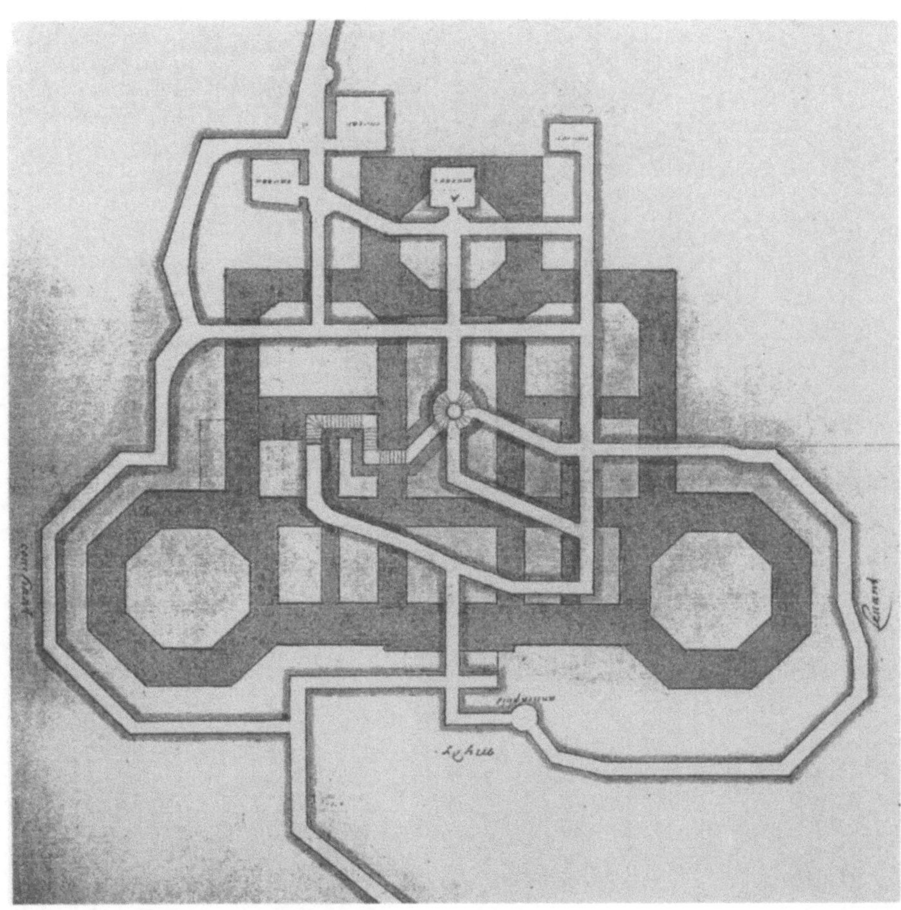

Plan der Fundamente und
der unterirdischen Gänge
darunter

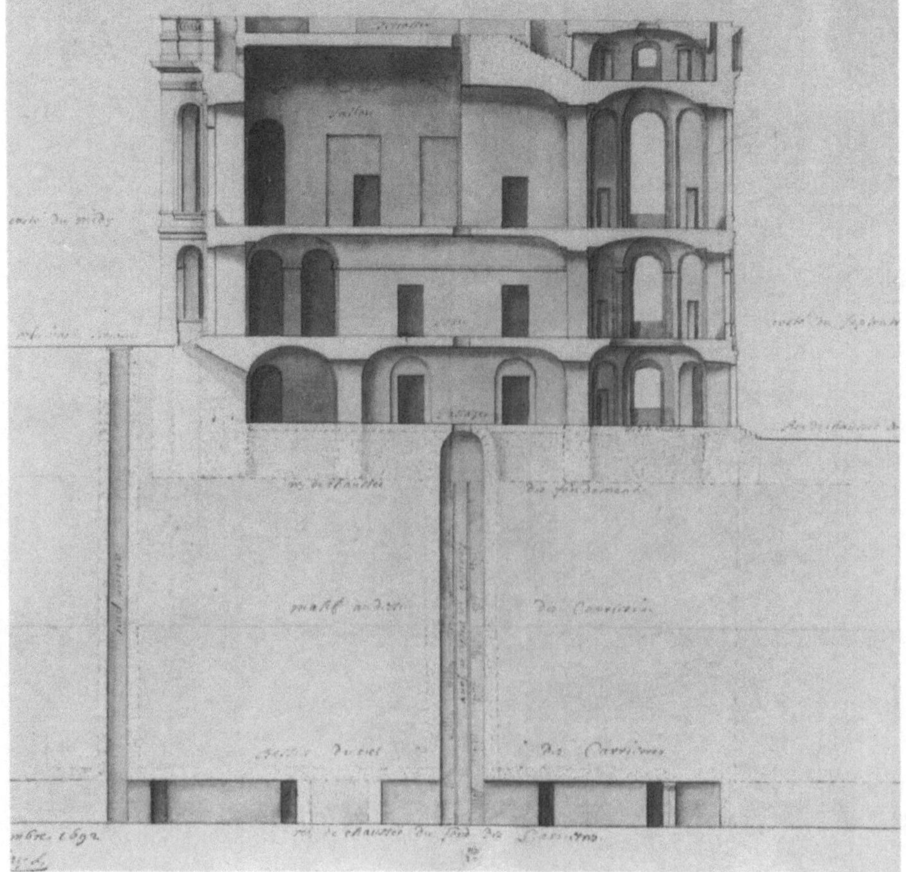

Längsschnitt
durch das Observatorium
von Süd nach Nord,
ursprünglicher Zustand

Längsschnitt wie oben
mit den beiden Schächten,
den Verbindungen zu den
Katakomben

Die Nordseite
des Pariser Observatoriums
mit dem Eingangstor
in der Verlängerung der
»Avenue de l'Observatoire«

Die Südseite zum Park hin,
die weiße Kuppel auf dem
Flachdach ist von etwa 1850

Das Pariser Observatorium,
Luftaufnahme etwa in
Richtung Norden

Greenwich ist bekannt durch den Null-Meridian: Bei einem Astronomen-Kongreß 1884 in Washington wurde die Linie durch ein bestimmtes Meridian-Instrument in Greenwich zum für die ganze Welt gültigen Null-Meridian erklärt. Das Problem, die geographische Länge bei Seefahrten zu bestimmen, war 1675 der Hauptanlaß für die Gründung des Königlichen Observatoriums Greenwich durch König Karl II. auf einem Grundstück im königlichen Park von Greenwich. Diese Lage nahe dem Südufer der Themse (heute in einem südöstlichen Vorort von London) zeigt, daß die Astronomie für die Seefahrer-Nation England wichtig geworden war, eine unentbehrliche Hilfe für die Navigation.

Im Gegensatz zum Pariser Observatorium baute man in Greenwich sparsam. Man benutzte einen zerstörten Wachtturm als Fundament, weshalb das sog. Flamsteed-Haus von der Nord-Süd-Richtung abweicht. John Flamsteed, der erste Königliche Astronom, mußte seine Instrumente mit eigenem Geld besorgen. Das erste kleine Sternwartengebäude baute Sir Christopher Wren, der Erbauer der St. Pauls-Kathedrale in London. Er hatte selbst Kenntnisse in Astronomie, bekam aber nur dieses eine Mal Gelegenheit, eine Sternwarte zu bauen. Ihr Mittelpunkt war ein achteckiges Beobachtungszimmer, in dem tragbare Instrumente aufgestellt waren. Flamsteed ließ im Garten einen 30 m tiefen Brunnen anlegen – auch für ein Zenit-Fernrohr?

Das Observatorium Greenwich wurde später erweitert, seit etwa 1750 durch einen länglichen Meridianbau. Das Transit-Instrument in der Mitte dieses Baues, seit 1850 von George Airy benutzt, legt den erwähnten Null-Meridian fest, der auch im Pflaster des Hofes nördlich davor markiert ist. Dieses Transit-Instrument hat eine 20 cm-Objektivlinse und stammt von der Londoner Firma Throughton und Simms. – Im Viktorianischen Zeitalter gab es beträchtliche Erweiterungen: Der achteckige Turm südöstlich vom Meridianbau bekam eine zwiebelförmige Kuppel für einen 71 cm-Refraktor, 1891–99 wurde ein neues großes Sternwartengebäude im viktorianischen Stil errichtet, vom Architekten Frank Crisp dieser Zeit entsprechend entworfen: noch mit kreuzförmigem Grundriß. In der Kuppel stand ein von Henry Thompson gestifteter photographischer Refraktor mit 66 cm und ein visueller Reflektor mit 76 cm Öffnung (von Grubb in Dublin). Später wurde der sog. Yapp-Reflektor mit 91 cm Öffnung aufgestellt.

Da die Lage innerhalb von Groß-London wegen der Lichterfülle und der Luftverschmutzung keine vernünftigen Beobachtungen mehr zuließ, wurde das Königliche Observatorium 1948 nach Schloß Herstmonceux in Sussex verlegt, zusammen mit den noch brauchbaren Fernrohren. Die historischen Gebäude in Greenwich wurden restauriert und als Teil des Nationalen Seefahrts-Museums der Öffentlichkeit zugänglich gemacht. In der großen Kuppel wurde anstelle des Thompson-Teleskops ein Zeiss-Planetarium eingerichtet.*

Die einzigartige, zwiebelförmige Kuppel war 1944 durch Bomben beschädigt und später entfernt worden. Bis 1975, zur Feier des 300jährigen Jubiläums des Observatoriums Greenwich, wurde diese Kuppel originalgetreu wiederhergestellt. Der zugehörige 71 cm-

* Howse, Derek: Greenwich Observatory. The Royal Observatory at Greenwich and Herstmonceux 1675–1975. Band 3: The Buildings and Instruments. Taylor and Francis London 1975

Refraktor wurde aus Herstmonceux zurückgeholt und hier als Museumsstück wiederaufgestellt.

Die Lage von Herstmonceux ist freilich nicht günstig genug. Darum bauten englische Astronomen zusammen mit spanischen ein Groß-Observatorium auf La Palma, einer der Kanarischen Inseln, 2370 m hoch. Dorthin wurde der Isaac-Newton-Reflektor gebracht, teilweise erneuert und mit einem 2,56 m-Spiegel ausgestattet. Schließlich konnte die Firma Grubb und Parsons aus Newcastle 1987 dort ihr Hauptwerk vollenden: das William-Herschel-Teleskop. Da sein Primärspiegel 4,2 m Durchmesser hat, war er der größte Reflektor, der bis dahin von einer westeuropäischen Firma hergestellt wurde.

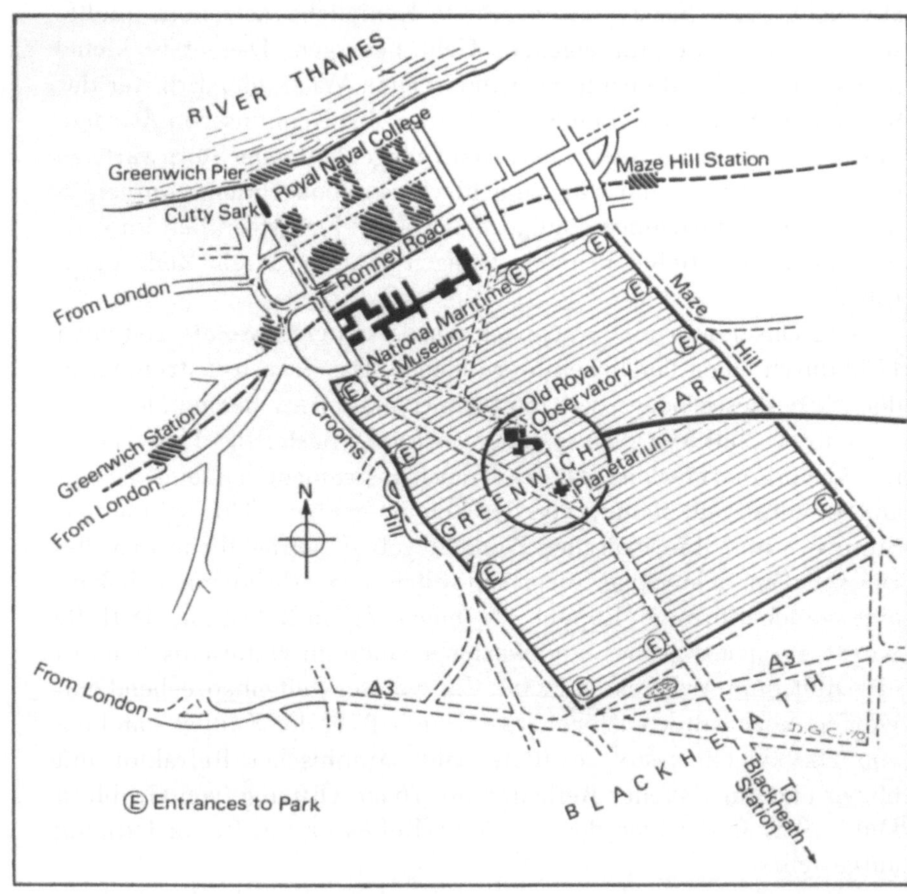

Lageplan:
die historischen Bauten
für die Marine
zusammen mit dem
ehemaligen Observatorium
in Greenwich

Das Flamsteed-Haus,
der älteste Teil des
Observatoriums Greenwich,
von Norden gesehen

Dasselbe Gebäude
von Osten, vom Hof her

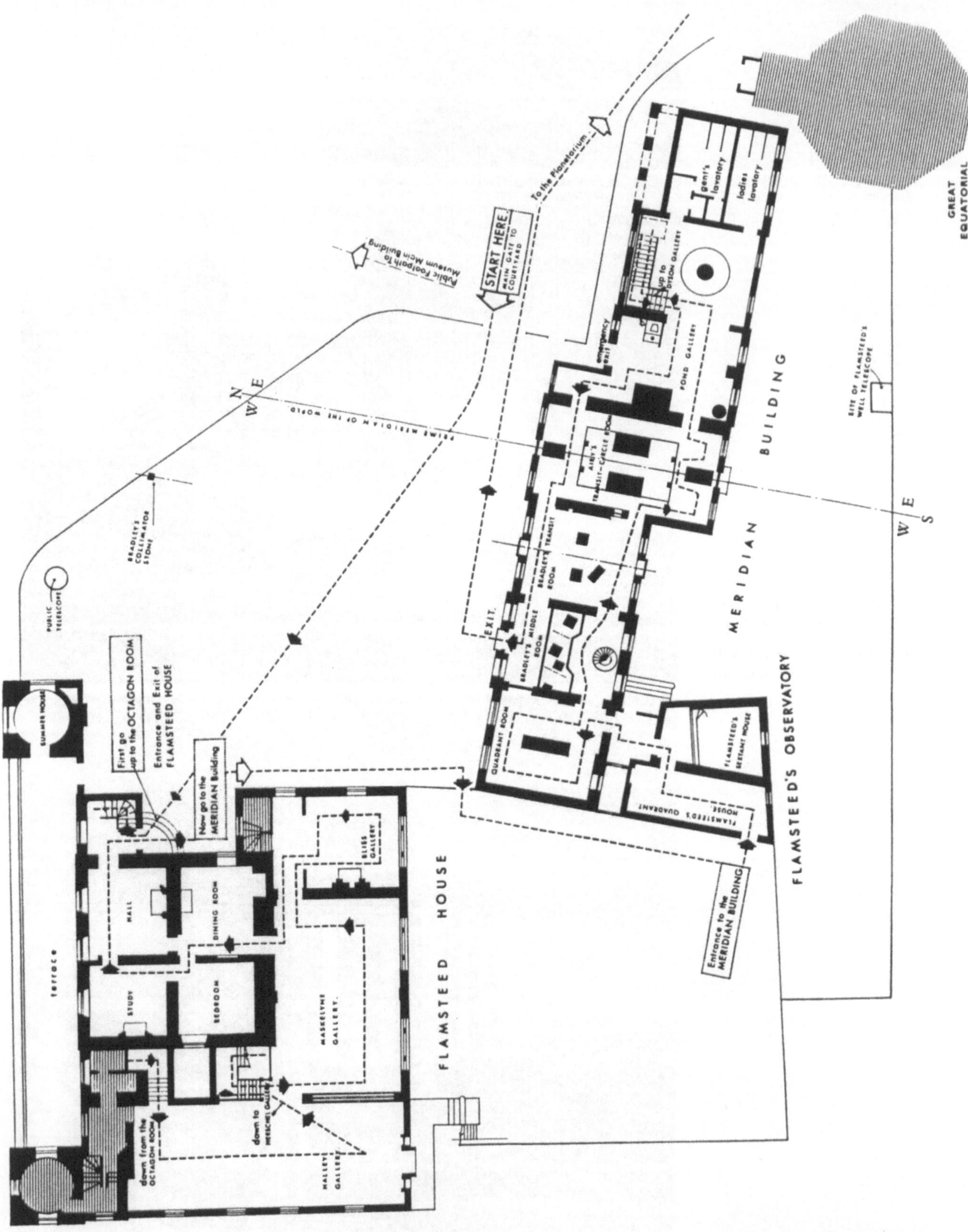

Links das Flamsteed-Haus,
südöstlich davon der
Meridianbau, durch dessen
Mitte der Null-Meridian
verläuft

Innenansicht des achteckigen
Beobachtungszimmers im
Flamsteed-Haus, Radierung
aus dem 18. Jahrhundert

Das Transit-Instrument von
Airy, durch den seit 1884 der
Null-Meridian bestimmt ist

Die Nordseite
des Meridianbaues,
aufgenommen vom
Null-Meridian im Pflaster

Der kleine Kuppelbau
von 1899. Die Windfahne
stellt den Halley'schen
Kometen dar

Der große Kuppelbau im
Park von Greenwich, eben-
falls 1899 vollendet. In der
Kuppel war ursprünglich das
Thompson-Teleskop,
heute befindet sich dort
ein Planetarium

Die Kalenderreform von Papst GREGOR XIII. vom Jahre 1582 wurde in den protestantischen deutschen und nordeuropäischen Ländern erst ab 1700 übernommen. Dies war ein Anlaß für die Gründung der AKADEMIE-STERNWARTE BERLIN in der Dorotheenstraße, die erste der Turm-Sternwarten des 18. Jahrhunderts. Kurfürst FRIEDRICH III. von Brandenburg (ab 1701 König FRIEDRICH I. von Preußen) gründete 1700 eine Societät der Wissenschaften, später Preußische bzw. Deutsche Akademie der Wissenschaften genannt. Vorbild war die Pariser Akademie, und so wie diese wurde auch die Preußische mit einer Sternwarte verbunden, in deren Turm sie einen Versammlungsraum bekam. Das erste Domizil war der Königliche Marstall, ein Gebäudeviereck zwischen Dorotheenstraße und Unter den Linden. In der Mitte des nördlichen Traktes erbaute MARTIN GRÜNBERG den Sternwartenturm. Sein flaches Dach war die Beobachtungsplattform für den Astronom GOTTFRIED KIRCH. Später wurden dort zeltartige Schutzhütten aufgestellt. 1835 wurde der Turm durch die Königliche Sternwarte von SCHINKEL ersetzt.

1905 wurde der Marstall abgebrochen und an seiner Stelle das Gebäude der (einst preußischen) Staatsbibliothek errichtet.

Der ehemalige Königliche Marstall in Berlin von Norden, in der Mitte der Sternwartenturm. Stich von etwa 1765

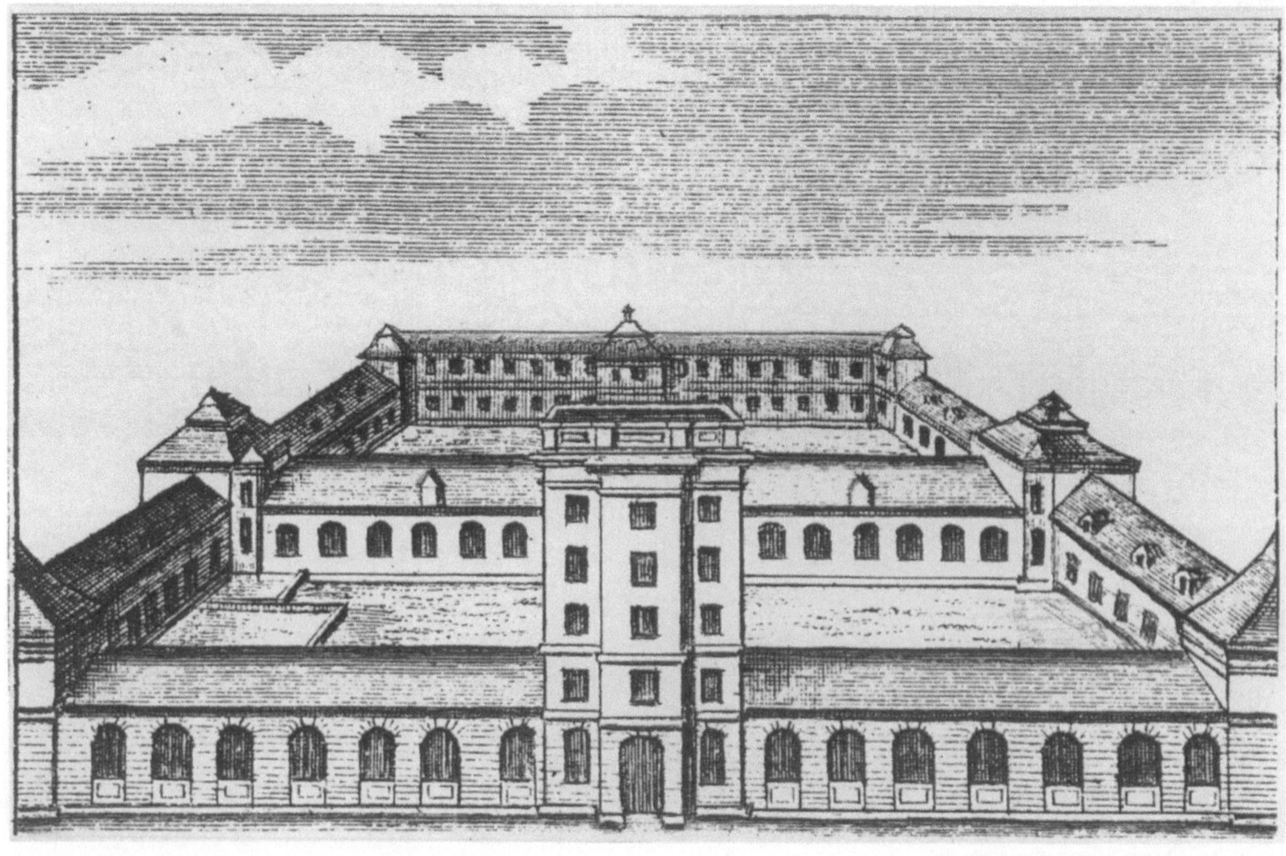

Der ehemalige
Berliner Sternwartenturm
gesehen von Westen.
Auf der Plattform spätere
Schutzhütten und ein
optischer Telegraph.
Aquarell vor 1830

BOLOGNA hat die älteste Universität Europas, die schon 1119 gegründet wurde! Einer ihrer Studenten war NIKOLAUS KOPERNIKUS in den Jahren vor 1500. Eine Sternwarte wurde jedoch erst ab 1712 errichtet, und zwar die AKADEMIE-STERNWARTE BOLOGNA. Der Palazzo Poggi in der Via Zamboni ist ein uneinheitlicher Gebäudekomplex mit einer langen Renaissance-Fassade. Hier wurde die Akademie der Wissenschaften und später die Universität untergebracht. Der Architekt GIUSEPPE A. TORRI errichtete einen fast mittelalterlich aussehenden Turm mitten in dem Komplex. Er ist sieben Geschosse hoch, das oberste Geschoß ist über Eck aufgesetzt und enthielt die Beobachtungskammer. Aber weder der Turm noch der verdrehte Turmaufsatz stimmen mit den vier Haupt-Himmelsrichtungen überein. Der erste Astronom EUSTACHIO MANFREDI hatte vor der Beobachtungskammer vier kleine dreieckige Balkone zur Verfügung, gerade noch brauchbar für tragbare Instrumente.

Um 1935 wurde ein neues Observatorium weit außerhalb von Bologna, bei Lojano, erbaut und mit einem modernen, respektablen Zeiss-Spiegel ausgestattet.

Aufriß der Hauptfassade des Palazzo Poggi in Bologna, überragt vom Sternwartenturm (oben rechts)

Querschnitt von Nordost nach Südwest durch den Innenhof und den Turm (unten rechts)

Der historische Sternwartenturm in Bologna ist fast unverändert erhalten

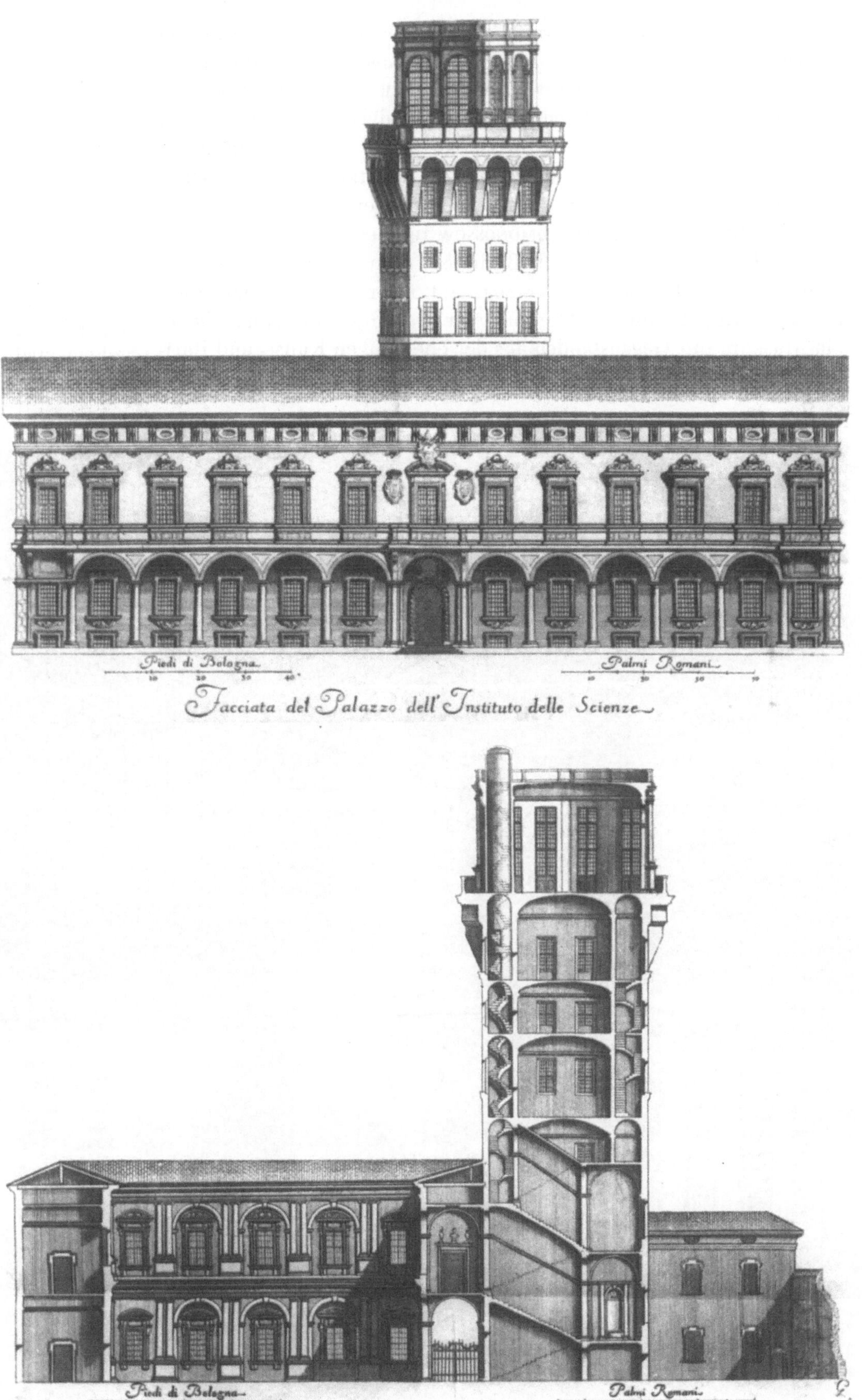

Facciata del Palazzo dell'Instituto delle Scienze

Spaccato del Palazzo dell'Instituto delle Scienze, in veduta del Cortile, e della Specula.

Nachdem Zar PETER I. (der Große) den Runden Turm in Kopenhagen
besichtigt hatte, gründete er 1718 in seiner Residenzstadt die später
so genannte AKADEMIE-STERNWARTE ST. PETERSBURG. Die Russische
Akademie der Wissenschaften wurde Träger dieser Sternwarte nach
dem Vorbild von Paris und Berlin. GEORG J. MATTARNOVI erbaute am
Nordufer der Newa die langgestreckte »Kunstkammer«, in deren
Mitte ein dreistufiger Turm steht, dessen oberer Teil von dem Uni-
versalgelehrten MICHAIL W. LOMONOSSOW für Beobachtungen benutzt
wurde. Im dritten Obergeschoß dieses Turmes befand sich ein
mechanisches Planetarium: der sog. Gottorper Globus, eine Hohl-
kugel aus Kupfer mit 3 m Durchmesser. Das Gebäude enthält heute
ein Museum mit Gegenständen aus der ehemaligen Kunst- und Raritätenkammer der Zaren.

Das Gebäude
der »Kunstkammer«
in Leningrad
im restaurierten Zustand

Die »Kunstkammer«
in Leningrad:
Aufriß der Südfront
im ursprünglichen Zustand

Längsschnitt durch den
astronomischen Turm in der
Mitte. Im 3. Obergeschoß der
sog. Gottorper Globus

Seit 1578 wurde für den Jesuitenorden und sein Kolleg, das zur zweiten Universität Prags wurde, das sog. Klementinum erbaut, ein großer Gebäudekomplex am rechten Ufer der Moldau. Etwa in der Mitte des Klementinums steht dessen höchster Turm (rund 50 m), einem Kirchturm ähnlich. Unter den »hundert Türmen« dieser Stadt fällt er kaum auf, und nur wenige Prager wissen, daß dieser Turm zur ehemaligen JESUITEN-STERNWARTE PRAG gehörte. FRANTIŠEK M. KAŇKA erbaute ihn 1721–23 und vollendete später das ganze Klementinum. Auf der Turmspitze steht eine Figur des Atlas, die Himmelskugel tragend. Das oberste Turmgeschoß enthält eine kleine Beobachtungskammer; tragbare Instrumente (Quadranten, Sextanten, kleine Fernrohre) wurden durch eine Tür auf die schmale, umlaufende Galerie geschoben. Als erster beobachtete hier der Jesuiten-Astronom JOSEPH STEPLING.

Zwei Sextanten stammen noch aus der Zeit von TYCHO BRAHE, der die letzten zwei Jahre seines Lebens (1599–1601) in Prag verbracht hatte. Es sind aber Erzeugnisse von HABERMEL und BÜRGI (heute im Technischen Museum).

Die Sternwarte des Klementinums war für größere Fernrohre unbrauchbar, erfüllte ihren Zweck als Universitäts-Sternwarte dennoch bis ins 20. Jahrhundert hinein. Der Turm blieb ganz im ursprünglichen Zustand erhalten. Ein modernes Observatorium wurde erst seit 1898 bzw. 1905 weit außerhalb von Prag bei Ondrejov (40 km südöstlich) aufgebaut.

Das Klementinum in Prag, ganz hinten der Sternwartenturm. Zeichnung um 1750

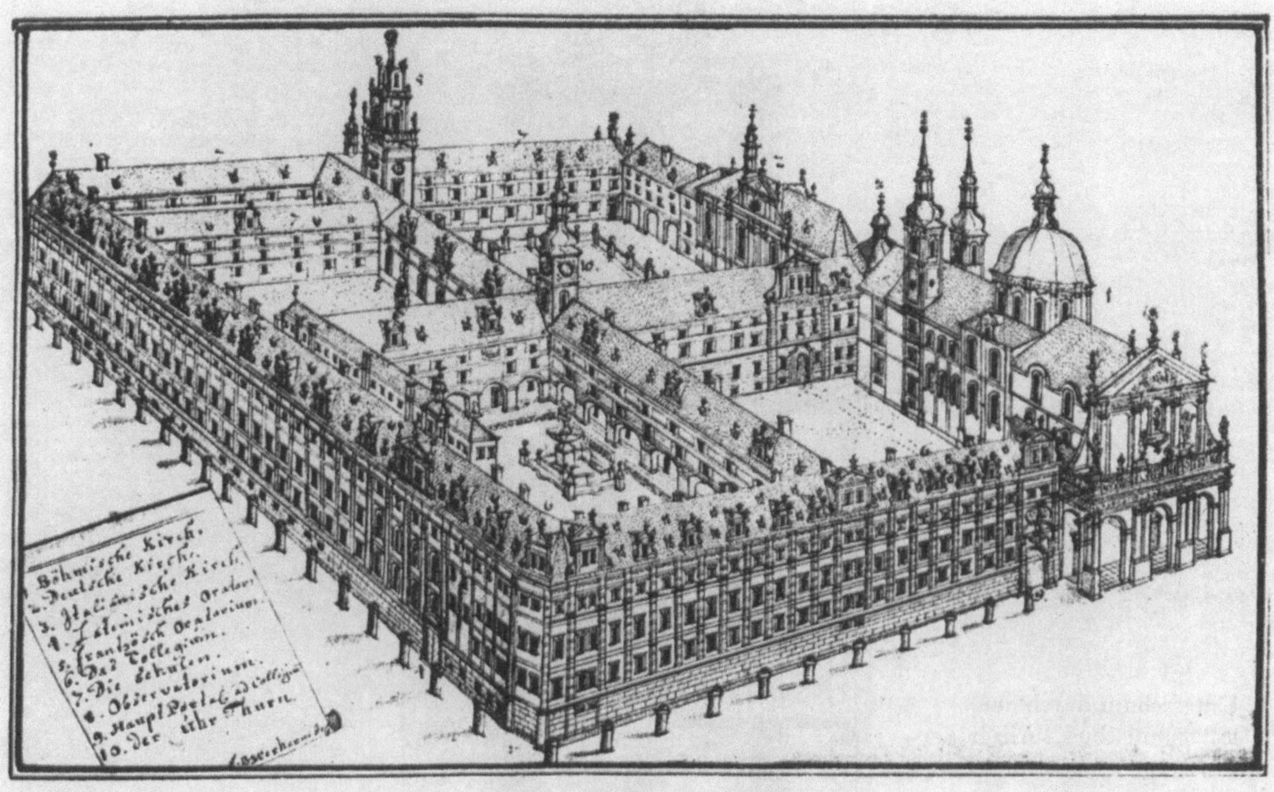

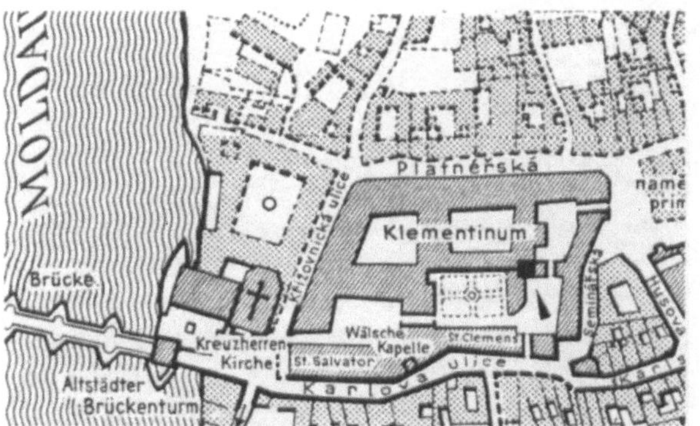

Lageplan
des Klementinums
auf dem rechten
Moldau-Ufer,
hervorgehoben der
Sternwartenturm

Längsschnitt des ehemaligen
Sternwartenturmes:
im zweiten Geschoß
sind die noch ursprünglichen,
in der Meridianlinie
befestigten Quadranten
zu sehen

Blick von Westen
auf die Altstadt:
der Sternwartenturm fällt
kaum auf inmitten der vielen
Türme von Prag,
die ihn teilweise überragen

Der Sternwartenturm
von Süden

Die Universität von Breslau war ursprünglich ein Jesuiten-Kolleg, gegründet 1705, als Schlesien noch zum Besitz der Habsburgischen Kaiser gehörte. Der Bau des barocken Universitätsgebäudes mit dem Turm der JESUITEN-STERNWARTE BRESLAU wurde 1728 am südlichen Ufer der Oder begonnen. Wahrscheinlich war der Jesuiten-Frater CHRISTOPH TAUSCH der planende Baumeister, der auch in Böhmen Erfahrungen gesammelt hatte. Und offensichtlich war der Turm des Klementinums in Prag das Vorbild für den sogenannten Mathematischen Turm hier in Breslau, denn dieser ist ähnlich wie dort der herausragende Bauteil des ganzen Universitätsgebäudes. Vorteilhaft war in Breslau die recht große Terrasse um das oberste Turmgeschoß. Der ganze Bau wurde von JOHANN B. PEINTNER ausgeführt. – Nach 1900 entstand eine neue Sternwarte am Ostrand der Stadt.

Bei der Zerstörung von Breslau im April/Mai 1945 brannte auch das Hauptgebäude der Universität vollständig aus. Die Innenstadt des heutigen Wroclaw wurde von polnischen Denkmalpflegern weitgehend originalgetreu wiederaufgebaut, auch das Äußere der Universität mit dem Turm.

Die heutige Universität Breslau, Nordseite am Ufer der Oder

Im 18. Jahrhundert wurden neue Sternwarten häufig vom Jesuiten-
orden gegründet. Eine Ausnahme bedeutet die BENEDIKTINER-STERN-
WARTE KREMSMÜNSTER in Ober-Österreich, sie übertrifft die Jesuiten-
Sternwarten sogar in mancher Hinsicht. Das Benediktinerstift
Kremsmünster, schon 777 gegründet, liegt 30 km südwestlich von
Linz auf einem Höhenzug entlang dem Fluß Krems oberhalb des
Ortes. Als nordöstlicher Eckpfeiler des Klosterkomplexes ragt der
imposante, sogenannte Mathematische Turm 50 m hoch auf, so hoch
wie die beiden Kirchtürme. Er wurde als Europas ältestes Hochhaus
bezeichnet.

Auch die Benediktiner widmeten sich den Wissenschaften und
der Lehre, davon zeugt heute noch das Stiftsgymnasium. Die 7 Ober-
geschosse des Sternwartenturmes enthalten in der Reihenfolge der
Stockwerke von unten nach oben folgende naturwissenschaftliche
Sammlungen: Geologie und Paläontologie; Mineralogie; Zoologie
(anstelle der Kunstsammlung seit 1880); Anthropologie; Astronomie
(seit 1958 Museum); ganz oben eine Kapelle, zwei kleine Kuppeln mit
Fernrohren.

Rätselhaft ist der Schacht, der fast durch den ganzen Turm reicht
und in dem man den Pendelversuch von FOUCAULT wiederholen kann.
Im 6. Stock befindet sich der hohe Beobachtungsraum, wo Quadranten, Sextanten und Fernrohre zu den Fenstern hinaus gerichtet oder
auf die beiden angrenzenden Terrassen hinausgetragen wurden. Im
Fußboden dieses Raumes markiert ein Streifen aus braunem Marmor den Breitengrad der Sternwarte: etwas mehr als 48 Grad. Der
erste Astronom hier, P. PLACIDUS FIXLMILLNER, hat ihn um 1770
erstaunlich genau berechnet. Auf der Höhe des 7. Stocks befindet sich
eine weitere Terrasse und eine nach Nordosten gerichtete Kapelle,
Treppen führen hinauf zu den beiden Kuppeln. Diese Kapelle
zuoberst symbolisiert den Vorrang des christlichen Glaubens gegenüber allen Wissenschaften. Das ganze Universal-Museum hat also ein
Programm, vom Niedrigen zum Höheren fortschreitend. Die Baupläne lieferte P. ANSELM DESING, der Turm wurde 1748–58 errichtet.*

Zur 1200-Jahrfeier 1977 wurde der ganze Klosterkomplex samt
Turm restauriert. Im Keller des Turmes registriert ein empfindlicher
Seismograph weit entfernte Erdbeben, regelmäßige Wetterbeobach-
tungen gibt es hier seit 1762, die astronomischen Beobachtungen
wurden fast ganz aufgegeben. In den letzten Jahrzehnten war hier
PROF. DR. ANSGAR RABENALT als Meteorologe, Direktor der Stern-
warte und des benachbarten Stiftsgymnasiums in verdienstvoller
Weise tätig.

* Klauner, Friederike:
Der »Mathematische Turm«
des Stiftes Kremsmünster
Österreichische Zeitschrift
für Kunst und
Denkmalpflege, 21
S. 1–16 1967

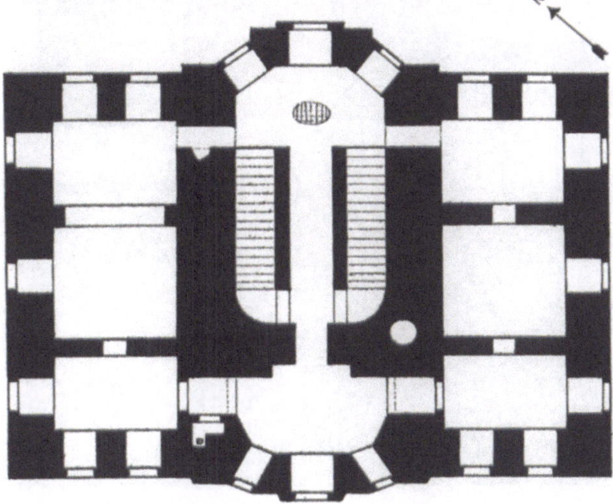

Der renovierte
Sternwartenturm
von Südwesten

Grundriß, Erdgeschoß

Sternwartenturm
des Benediktinerstiftes
Kremsmünster:
Aufriß der Nordostfassade,
zeitgenössische Zeichnung

Der hohe Beobachtungssaal
im 6. Stock im ursprüng-
lichen Zustand, der schräge
Streifen im Fußboden
markiert den Breitengrad

Die barocke Residenzstadt Mannheim wurde streng schachbrettartig innerhalb eines Befestigungsringes angelegt. Am westlichen Rand der Innenstadt, nicht weit vom ehemals Kurfürstlichen Schloß, stehen die Jesuitenkirche und hinter ihrem Chor der Turm der ehemaligen JESUITEN-STERNWARTE MANNHEIM. Er ist West-Ost-orientiert, abweichend von allen Straßen der Innenstadt. Kurfürst CARL THEODOR von der Pfalz, der ein großer Förderer der Künste und Wissenschaften war, förderte auch den Jesuiten-Astronomen P. CHRISTIAN MAYER. Zuerst wurde der Ingenieur Johann LACHER mit dem Bau des spätbarocken Sternwartenturms beauftragt, der dann 1774 von dem italienischen Baumeister FRANZ WILHELM RABALIATTI vollendet wurde. Dieser hatte auch die erwähnte Jesuitenkirche erbaut. Auf dem flachen Dach wurde eine kleine Kuppel montiert, der Vorbau an der Westseite konnte ein Meridian-Instrument tragen.

Nach Kriegsende wurde der Turm wiederaufgebaut und um 1975 nochmals restauriert. Seit längerer Zeit wird dieses Baudenkmal für Wohnungen und Ateliers von Künstlern genutzt.

Entwurf zum Mannheimer Sternwartenturm, Aufriß der Westseite, Zeichnung von J. Lacher

Längsschnitt von Ost nach West

Der Sternwartenturm,
Westseite. Rechts dahinter
die Rückseite der
Jesuitenkirche

Das RADCLIFFE-OBSERVATORIUM in OXFORD wurde 1772 begonnen, als eine der letzten Turm-Sternwarten des 18. Jahrhunderts, aber schon im klassizistischen Baustil. Es ist nach Dr. JOHN RADCLIFFE benannt, einem Arzt und Mäzen, aus dessen Stiftung der stattliche Turmbau finanziert wurde. Der Architekt JAMES WYATT erbaute einen achteckigen Turm und führte ein neues Bauglied in die Sternwarten-Architektur ein: zwei eingeschossige Meridianflügel, die genau nach West und Ost gerichtet sind. Sie gehören zu den ältesten überhaupt und waren zuerst für Mauerquadranten, später für Meridian-Instrumente bestimmt. Da solche Instrumente exakt in der Meridianlinie (Nord – Süd) auf Stützpfeilern montiert werden mußten, machten sie eine Orientierung des ganzen Baues notwendig. Der Architekt gestaltete den oberen Teil mit dem 3. Geschoß entsprechend dem antiken Turm der Winde in Athen (ca. 40 v. Chr.). Jede Turmseite zeigt ein Relief mit einem der acht Windgötter der griechischen Mythologie. Dieser obere Turmteil enthält den einstigen Haupt-Beobachtungssaal, der an den ebenfalls achteckigen Saal im Flamsteed-Haus in Greenwich erinnert. Die angrenzenden Terrassen waren für tragbare Instrumente gedacht. Der Astronom THOMAS HORNSBY wohnte in einem eigenen Haus, das durch einen gedeckten Korridor mit dem Ostflügel verbunden war.*

In Oxford beschäftigt sich nur noch die Universitäts-Sternwarte mit Astronomie. Das Radcliffe-Observatorium wurde 1937 nach Pretoria in Südafrika verlegt (siehe Pretoria 1937–1948). Der Sternwartenturm in Oxford hatte ausgedient, blieb aber als beachtliches Baudenkmal erhalten.

* Thackeray, Andrew D.: The Radcliffe Observatory. Bi-Centenary 1772–1972. Riverside Press London 1972

Zum Vergleich der Turm der Winde in Athen, etwa 40 v. Chr.

Der Turm des ehemaligen
Radcliffe-Observatoriums in
Oxford: Ostseite mit der
Stirnseite des östlichen
Meridianflügels

Der achteckige
Beobachtungsraum im
obersten Turmgeschoß,
zeitgenössisches Gemälde

Kassel hat große Bedeutung in der Geschichte der Astronomie: Hier entstand die erste festeingerichtete nachmittelalterliche Sternwarte Europas, als Landgraf WILHELM IV. von HESSEN-KASSEL um 1560 seinem Residenzschloß zwei Anbauten mit Terrassen anfügen ließ und die südwestliche Terrasse für eigene Himmelsbeobachtungen benutzte.

Im Zentrum des heutigen Kassel, an der nordöstlichen Seite des Friedrichsplatzes, steht das Museum Fridericianum, ein stattlicher Bau im klassizistischen Stil, vollendet 1785, damals der erste öffentlich zugängliche Museumsbau des Kontinents. Ursprünglich war es ein Universal-Museum, von Landgraf FRIEDRICH II. für seine Kunst- und Raritätensammlungen geschaffen. Wie in St. Petersburg und Kremsmünster wurde dieser Museumsbau (»Raritätenkammer«) mit einem Sternwartenturm verbunden: dem KASSELER ZWEHRENTURM an der Ostecke des Museums Fridericianum. Er hatte einst zur gotischen Stadtbefestigung gehört. Der Erbauer des Museums, SIMON LOUIS DU RY, baute den Turm ab 1779 um und paßte das Äußere der Museumsfront an. Der Sternwartenturm des Astronomen JOHANN M. MATSKO war jedoch bald nicht mehr zeitgemäß.

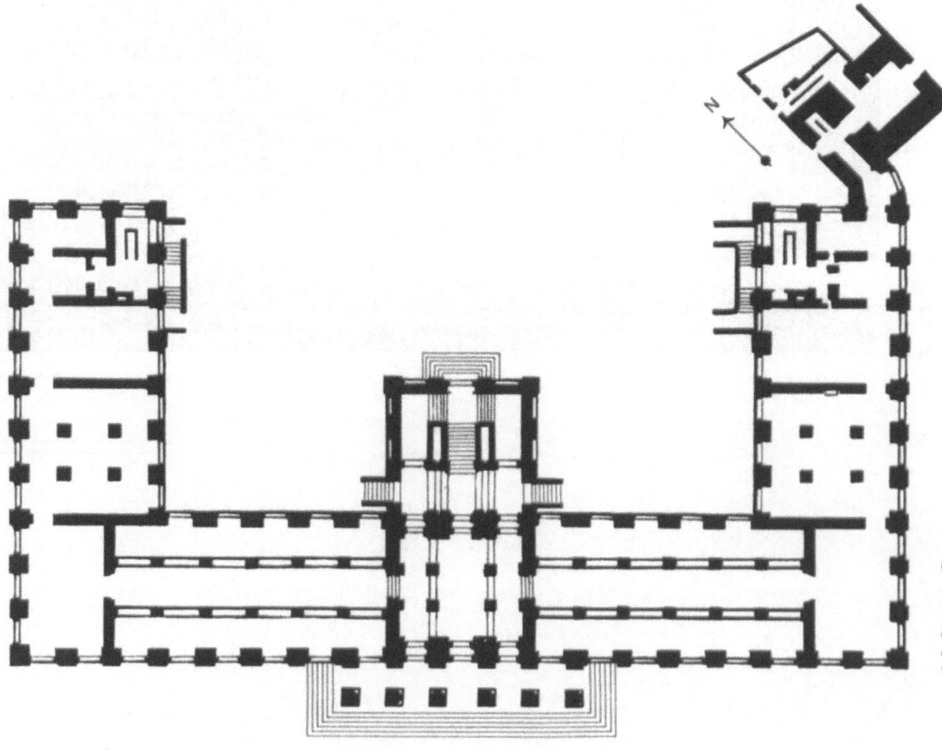

Grundriß des Museums
Fridericianum in Kassel,
an der Südostecke der
Zwehrenturm

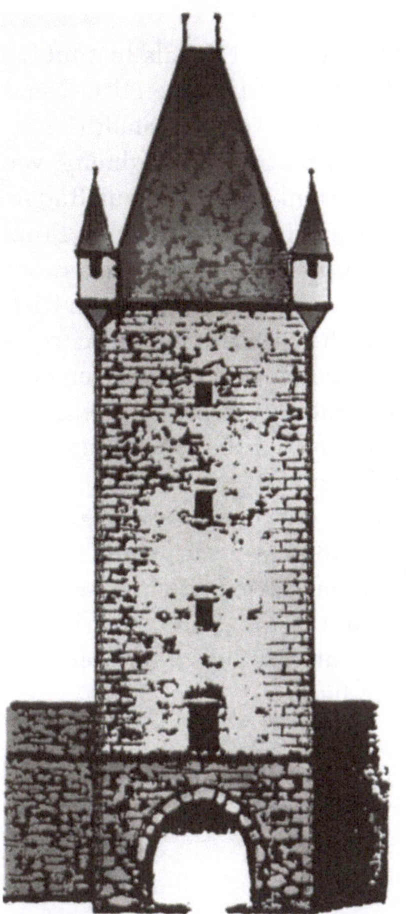

Links Rekonstruktion des Turmes der Stadtmauer, rechts Längsschnitt nach dem Umbau zum Sternwartenturm

Der Zwehrenturm von Südosten, an seiner Südwand eine Sonnenuhr

Das Dunsink-Observatorium bei Dublin wurde 1783 als Institut des Trinity College in Dublin gegründet. Es ist wichtig wegen drei Neuerungen: erstens eine beträchtliche Entfernung von der Stadt (8 km); zweitens eine halbkugelförmige Kuppel in zentraler Anordnung, vermutlich die erste größere, echte Sternwartenkuppel, die auf Rädern auf einer kreisrunden Schiene drehbar war; drittens ein dicker Stützpfeiler für das Instrument in dieser Kuppel, der von einer Rundmauer umgeben und somit isoliert ist. Diese Neuerungen verwirklichte der Architekt Graham Moyers nach Ideen des ersten Astronomen hier, Henry Ussher. Damit waren für spätere Sternwarten neue Grundregeln geschaffen. Das Gebäude hier ist ziemlich klein und zwei Stockwerke hoch. Nach Westen ist ein Meridianflügel angefügt, wodurch sich ein L-förmiger Grundriß ergibt.

1892 wurde die ursprüngliche Kuppel durch eine etwas größere mit 5,5 m Durchmesser ersetzt. Schon 1868 war für einen 30 cm-Refraktor ein recht großer Kuppelbau im Garten erichtet worden, gestiftet von James South. Fernrohr und Kuppel sind Werke der bedeutenden Firma Howard Grubb in Dublin*, die später viele hervorragende Fernrohre auch ins Ausland lieferte.

* Wayman, Patrick A.:
Dunsink Observatory
1785–1985.
A Bicentennial History.
Dublin 1987

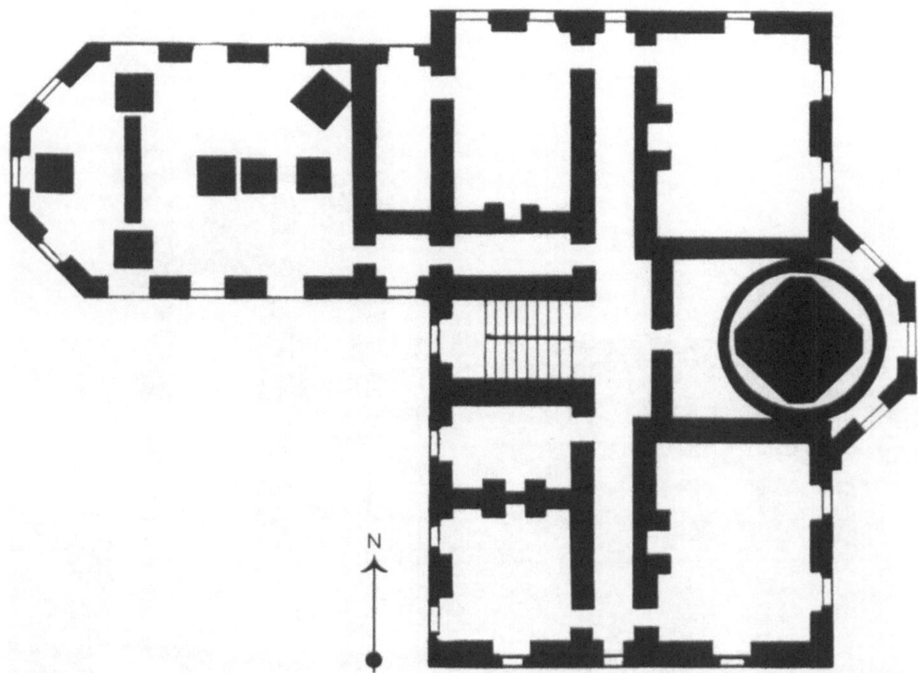

Ursprünglicher Grundriß.
Der dicke Stützpfeiler in der
Mitte der Ostseite ist von
einer Rundmauer umgeben
und dadurch isoliert

Ansicht des Observatoriums
von Südosten

Der Kuppelbau von 1868,
rechts dahinter
das alte Sternwartengebäude

Die Universitäts-Sternwarte Göttingen ist die zweite deutsche Sternwarte eines neuen Typs: niedrig und langgestreckt, mit einer zentral angeordneten Kuppel und in rein klassizistischem Baustil. Nach neueren Erkenntnissen sollten die Fernrohre möglichst niedrig und fest auf isolierten Pfeilern aufgestellt werden. Das unmittelbare Vorbild war die Sternwarte auf dem Seeberg bei Gotha in Sachsen (1787–91). Der Göttinger Baumeister Georg H. Borheck übernahm deren U-förmige Grundform, die beiden Flügel nach hinten bzw. Norden waren hier wie dort zweigeschossig und für Wohnungen gedacht. Der Mittelbau der Göttinger Sternwarte ist eingeschossig, seitlich der Eingangshalle war je ein Meridiansaal. Die vertikalen Meridianschlitze sind in die Außenmauer eingefügt und über das Dach hinweg verbunden. Die drehbare eiserne Kuppel über der runden Eingangshalle ist eine Konstruktion von Borheck. Im Gegensatz zum Vorbild vermied er einen dicken, störenden Pfeiler darunter und stützte das Heliometer in der Kuppel auf ein unauffälliges Gewölbe. Der Mathematiker Carl F. Gauss war der erste leitende Astronom hier.

Seit etwa 1930 steht ein Zweiginstitut auf dem nahen Hainberg. Die Göttinger Astronomen verfügen über ein neuartiges Sonnenteleskop am Observatorio del Teide auf Teneriffa, rund 2400 m hoch gelegen.

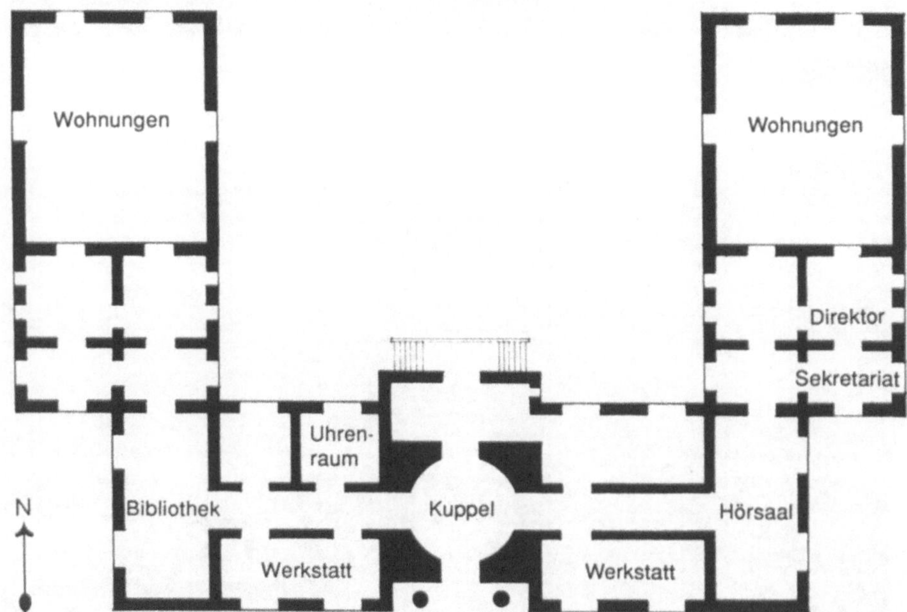

Grundriß,
neue Aufteilung
nach Beseitigung
der Meridiansäle

Universitäts-Sternwarte
Göttingen, Südfassade

Die einst KÖNIGLICHE STERNWARTE NEAPEL-CAPODIMONTE steht auf einem Hügel im nördlichen Teil von Neapel, nahe dem Schloß Capodimonte. Von der Terrasse südlich vor der Sternwarte bietet sich eine schöne Aussicht über die Stadt, die Bucht von Neapel und zum Vesuv hin. Die Architekten, die Zwillingsbrüder STEFANO und LUIGI GASSE, erbauten 1812–20 ein langgestrecktes Gebäude über T-förmigem Grundriß, mit der Fassade nach Süden, deren Mitte durch eine Säulenvorhalle hervorgehoben ist. Eine Inschrift im Giebelfeld besagt, daß König FERDINAND I. (König beider Sizilien) diesen Bau dem Fortschritt der Astronomie gewidmet hat. Von der Eingangshalle gelangt man geradeaus zu einer Wendeltreppe, die um eine Rundmauer herum zur mittleren Kuppel hinaufführt. Diese Rundmauer ist die Verkleidung des mittleren Stützpfeilers, durch einen schmalen Zwischenraum von diesem isoliert. – Der erste leitende Astronom war P. GIUSEPPE PIAZZI aus Palermo, der als erster einen Kleinplaneten (Ceres) entdeckt hatte.

Da die drei Kuppeln auf dem Flachdach klein sind, wurden später zwei zusätzliche Rundbauten auf der Terrasse errichtet. Die Sternwarte Neapel dient heute der Ausbildung und der Auswertung von Aufnahmen, die hauptsächlich in Chile (La Silla) gemacht werden. Die Einrichtungen der Sternwarte (Bibliothek, Computer-Zentrum, Laboratorien) gehören zu den besten in Italien. Die östliche Kuppel auf dem Dach wird von Amateurastronomen benutzt.

Die Sternwarte von Neapel auf dem Hügel Capodimonte, Südfassade

Die Eingangshalle. Das Relief an der Rückwand zeigt Urania, die Muse der Astronomie

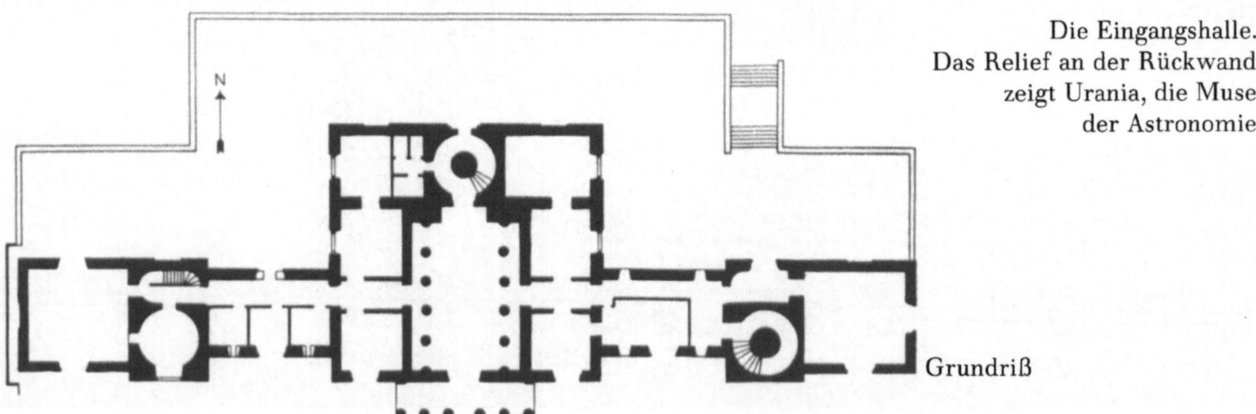

Grundriß

Der Calton Hill kann wegen seiner klassizistischen, malerischen Bauten als die »Akropolis« von Edinburgh bezeichnet werden. Der Architekt WILLIAM PLAYFAIR hatte die antike griechische Baukunst studiert und verschönerte die Stadt mit mehreren klassizistischen Gebäuden. Auf dem Calton Hill steht sein Observatorium, heute die STÄDTISCHE STERNWARTE EDINBURGH. Sie wurde 1818 begonnen als Sternwarte der »Astronomical Institution« von Edinburgh und wurde 1822 die Königliche Sternwarte. Unter den Observatorien jener Zeit war dieser Bau einzigartig, vergleichbar mit einem italienischen Baudenkmal, der Villa Rotonda von Palladio in Vicenza. Der Grundriß ist ein regelmäßiges Kreuz mit vier fast gleichen Flügeln, jeder hat eine Säulenvorhalle. Eine kleine Kuppel ragt über der Mitte auf. In der Nähe steht ein Denkmal für JOHN PLAYFAIR, den ersten Vorsitzenden der »Astronomical Institution«. Dieses seltsame Observatorium wurde mehr dem architektonischen Effekt zuliebe so gebaut, die Folge war wenig Platz im Innern. Die Astronomen zogen 1896 hier aus, als die neue Königliche Sternwarte auf dem Blackford Hill fertig war.

Die Städtische Sternwarte dient heute als Volks-Sternwarte, für diesen Zweck ist sie günstig, weil zentral gelegen.

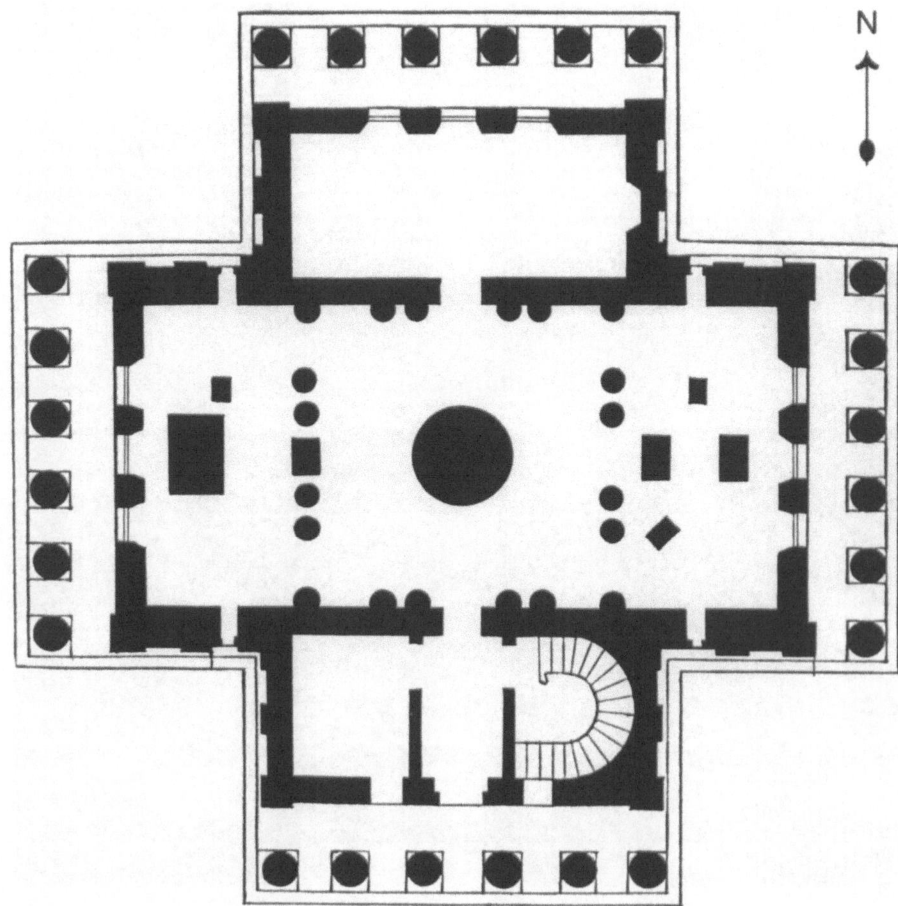

Grundriß des kreuzförmigen
Hauptgebäudes

Blick von Osten:
links das Denkmal für den
Astronomen John Playfair,
in der Mitte
das Hauptgebäude,
rechts ein neuerer
Kuppelbau

Aussicht von der Plattform
der Nelson-Säule auf die
Städtische Sternwarte
Edinburgh,
im Hintergrund die
Meerenge Firth of Forth

Das Kap der Guten Hoffnung wurde 1488 von dem Portugiesen Bartolomeo Diaz entdeckt, Kapstadt 1652 von dem Holländer Jan van Riebeeck gegründet. Diese Stadt war ein wichtiger Stützpunkt für alle Seefahrer in Richtung Indien bis 1869. Im Zeitalter der Entdeckungsreisen und Koloniegründungen war die Navigation auf See von astronomischen Beobachtungen abhängig. Darum gründete das Amt für Gradmessung in London 1820 die KÖNIGLICHE STERNWARTE KAPSTADT (manchmal kurz Kap-Sternwarte genannt). Sie befindet sich östlich des Tafelbergs an einem Ort mit freiem Ausblick in der Meridianlinie. Der englische Architekt JOHN RENNIE gab dem Hauptgebäude einen H-förmigen Grundriß, 1828 war es vollendet. An der Südseite hebt eine Säulenvorhalle den Haupteingang hervor, rechts davon hatte ein Meridiankreis seinen Platz. Im Park vor dem Haupteingang liegt das Grab des ersten Königlichen Astronomen FEARON FALLOWS.

Um 1900 wurde die Sternwarte erheblich erweitert dank der Stiftung von Frank McClean. Für das Viktoria-Teleskop, geliefert von Grubb in Dublin, wurde ein eigener Kuppelbau errichtet. Die beiden Objektivlinsen dieses Doppelrefraktors haben 46 bzw. 61 cm Durchmesser. Dieses in Südafrika größte Linsenfernrohr steht noch an seinem Platz. Als Gegenstück wurde das Elisabeth-Teleskop von Grubb und Parsons bis 1964 aufgestellt, ein Reflektor mit einem Spiegel von 102 cm Durchmesser.*

Seit 1961 ist Südafrika eine unabhängige Republik. Einige Jahre später wurde der Name der Sternwarte in SÜDAFRIKANISCHES ASTRONOMISCHES OBSERVATORIUM Kapstadt (SAAO) geändert. Das heutige Institut steht in Verbindung mit dem »Science and Engineering Research Council« des Vereinigten Britischen Königreiches. Für wissenschaftliche Beobachtungen hat man 1967–72 bei Sutherland an der Nordgrenze der Kap-Provinz ein neues astronomisches Zentrum geschaffen. Hier stehen jetzt die besten und größten astronomischen Instrumente des Landes – außer dem erwähnten Viktoria-Teleskop – in einem trockenen Klima in 1750 m Höhe, frei von nächtlicher Beleuchtung und Luftverschmutzung. Den wichtigsten Beitrag leistete das Radcliffe-Observatorium bei Pretoria: Der 1,88 m-Reflektor, dort seit 1948 in Gebrauch, ist der größte in Südafrika. Er wurde nach Sutherland übertragen, und dort ebenfalls in einem ungewöhnlichen, zylinderförmigen Drehturm aufgestellt. Nach dieser Neuorganisation unter dem Direktorat von Sir RICHARD WOOLLEY wurde die Sternwarte von Kapstadt die Basis für das Observatorium von Sutherland.

Das Hauptgebäude mit der Säulenvorhalle von Südosten

* Laing, J. D.: The Royal Observatery at the Cape of Good Hope 1820–1970. A Sesquicentennial Offering. Kapstadt 1970.

Luftaufnahme der heutigen Sternwarte Kapstadt von Südosten, in der Mitte das Hauptgebäude, ganz links die Kuppel für das Viktoria-Teleskop

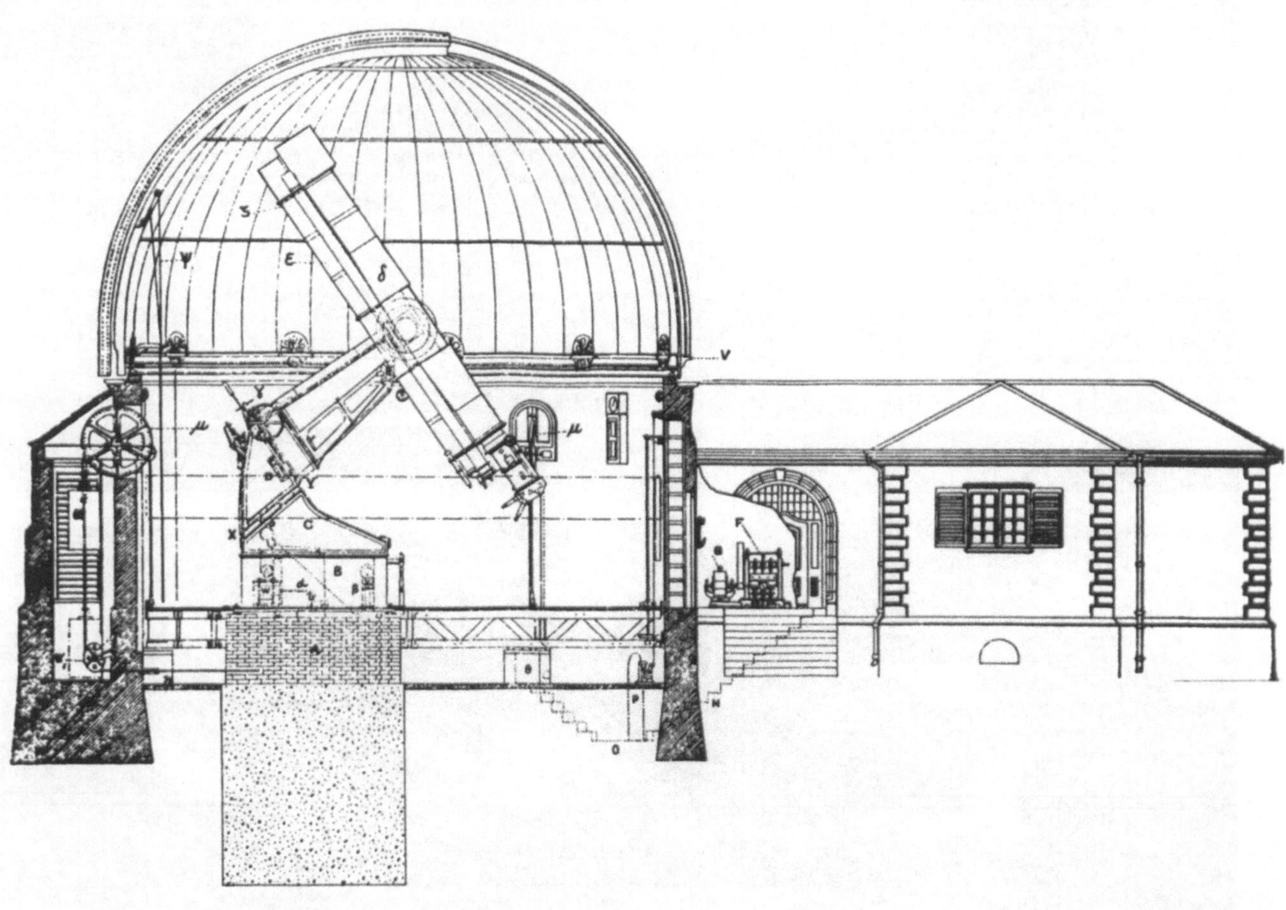

Längsschnitt des großen
Kuppelbaues von Norden
nach Süden

Der große Kuppelbau
für das Viktoria-Teleskop,
der Berg im Hintergrund
ist der Devil's Peak

Turku an der Südwestküste war Finnlands erste Hauptstadt mit der ältesten Universität des Landes. Hier wurde auch die erste finnische Sternwarte 1816–18 gebaut, und zwar von zwei Deutschen: der Architekt CARL L. ENGEL stammte aus Berlin, der Astronom FRIEDRICH W. ARGELANDER aus Ostpreußen. Die Grundrißform dieser Sternwarte, ein lateinisches Kreuz, wurde in der 2. Hälfte des 19. Jahrhunderts zur Regel.

1812 wurde Helsinki neue Hauptstadt. Engel entwarf ein neues Stadtzentrum mit repräsentativen öffentlichen Gebäuden und erbaute 1831–34 auch die UNIVERSITÄTS-STERNWARTE HELSINKI auf der Ulrikaborgshöhe, südlich der Nicolai-Kirche. Nach Süden hin blickt man aufs Meer, der südliche Horizont ist also frei. Die Sternwarte hat einen Grundriß in Kreuzform, mit langen Querarmen als Meridianflügel. Die drei veralteten drehbaren Turmaufbauten aus Holz sind noch vorhanden. Auch der Astronom Argelander wurde aus Turku hierher berufen, Fernrohre aus seiner Zeit sind noch erhalten.

Aufriß der Nordseite und Grundriß des Observatoriums, Zeichnung von Carl L. Engel

Mittelteil der
Sternwarte Helsinki
mit dem drehbaren
Turmaufbau, Nordseite

Für den Berliner Astronomen JOHANN F. ENCKE wurde 1828 ein wertvolles 23 cm-Linsenfernrohr erworben, das letzte von Joseph Fraunhofer in München hergestellte. Nun erkannte man, daß der bisherige Sternwartenturm der Berliner Akademie in der Dorotheenstraße für dieses Instrument unzureichend war und plante daher eine neue KÖNIGLICHE STERNWARTE BERLIN. Der oberste Baumeister in Preußen, KARL F. SCHINKEL, sollte einen fortschrittlichen und doch repräsentativen Bau entwerfen. Man fand einen günstigen Platz am südlichen Ende der Charlottenstraße und der Lindenstraße. Schinkels 1835 vollendete Sternwarte hatte einen kreuzförmigen Grundriß, der lange Flügel mit der Wohnung des Direktors war ostwärts gerichtet. Im westlichen Flügel war ein Meridiankreis, im nördlichen ein Passage-Instrument untergebracht. Die vornehme Ostfassade sah einer Tempelfront ähnlich, im Giebelfeld war ein Relief des Sonnengotts Apollo mit seinem Viergespann zu sehen. Die drehbare Kuppel für das Fraunhofer-Fernrohr war eine recht moderne Eisen-Konstruktion.

Nach dem Umzug der Berliner Astronomen nach Babelsberg wurde dieser klassizistische Bau 1915 leider abgebrochen (siehe Potsdam-Babelsberg, Universitäts-Sternwarte 1911–1915).

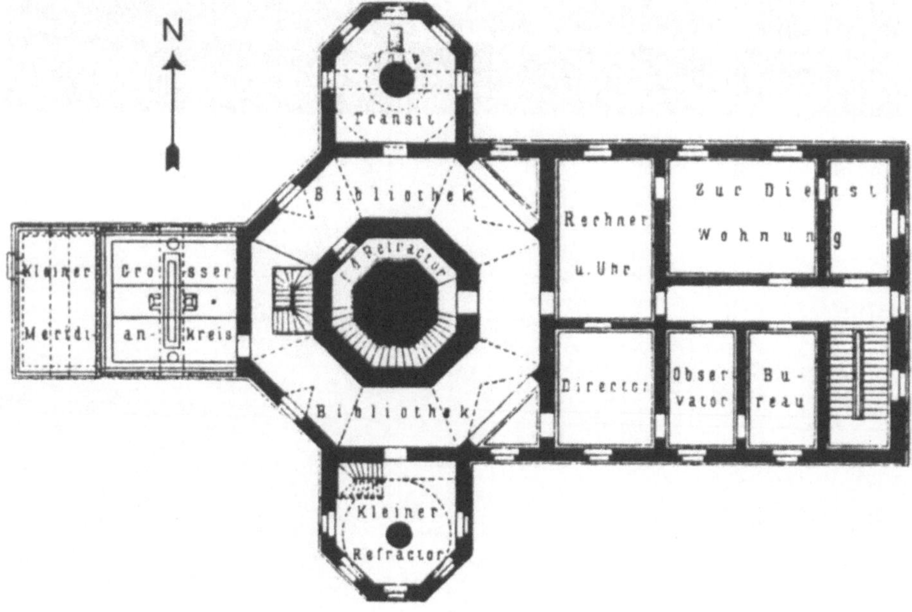

Der kreuzförmige Grundriß, Obergeschoß

Die ehemalige Königliche
Sternwarte in Berlin
von Südosten.
Stahlstich von 1832

Ungefähr 15 km südlich vom heutigen Leningrad befindet sich auf einem Hügel die einst sog. Nikolai Haupt-Sternwarte Pulkowo. Die heutige Benennung ist Astronomisches Haupt-Observatorium der Akademie der Wissenschaften der UdSSR Pulkowo. Der Gründer, Zar Nikolaus I., ließ dieses Observatorium in der Nähe seines Sommerschlosses 1835–39 erbauen. Es wurde zu einer der wichtigsten Sternwarten der Welt. Der Mittelpunkt des Hauptturmes wurde als Fixpunkt für ein großangelegtes kartographisches Werk genommen.

Das Sternwartengebäude (Architekt Alexander Briulov) war kreuzförmig, mit seinen Erweiterungen nach Norden U-förmig, der Haupteingang war durch eine Säulenvorhalle hervorgehoben. Ein Anbau an der entgegengesetzten Südseite diente für ein Transitinstrument im ersten Vertikal (in West-Ost-Richtung). Die Meridianräume lagen wie üblich beiderseits der mittleren Halle. Im oberen, drehbaren Teil des mittleren Turmes, auf ein Kuppelgewölbe gestützt (nicht auf einen Pfeiler), befand sich ursprünglich der 38 cm-Refraktor mit angeblich von Fraunhofer, in Wirklichkeit von Merz und Mahler in München geschliffenen Linsen, damals der größte überhaupt. Die beiden Gebäudeflügel trugen je einen kleineren Aufbau, wie am Mittelturm zylinderförmig und aus Holz (von Helsinki übernommen).

Der erste Direktor, Friedrich G. W. Struve aus Hamburg-Altona, wurde der Vater einer Dynastie bedeutender Astronomen, seine Nachkommen waren in Pulkowo, Babelsberg und den USA tätig. 1885 wurde in Pulkowo ein Refraktor mit einer 76 cm-Linse (von dem amerikanischen Optiker Alvan G. Clark) mit 14 m Brennweite in einem achteckigen Bau aufgestellt. Für kurze Zeit war dieser der größte der Welt! Dieses Instrument ging im 2. Weltkrieg verloren, als die Sternwarte in die Frontlinie geriet und fast vollständig zerstört wurde. Originalgetreu baute man das Hauptgebäude wieder auf, ersetzte dabei jedoch die drei veralteten Turmaufbauten durch moderne Kuppeln aus Metall.

Eine Zweig-Sternwarte bestand seit 1912 in einem klimatisch günstigeren Gebiet auf der Halbinsel Krim: die Simeis-Sternwarte. Später folgte das Astrophysikalische Observatorium auf der Krim. Nicht zuletzt entstanden an der Sternwarte von Pulkowo die Konstruktionspläne für ein sehr ehrgeiziges Vorhaben: einen gewaltigen Reflektor, dessen 6 m-Spiegel in den optischen Werken in Leningrad aus Pyrex-Glas geschliffen wurde. Das ganze Teleskop wurde 1976 im Astrophysikalischen Observatorium von Selentschuk, 2080 m hoch im Kaukasus gelegen, voll in Berieb genommen. Dieser 6 m-Reflektor sollte den 5 m-Spiegel vom Mount Palomar übertreffen und blieb bis 1991 der größte der Welt. Er hat eine ungewöhnliche, azimutale Montierung, d. h. die eine Drehachse ist nicht zum Nordpol des Himmels, sondern zum Zenit ausgerichtet. Mit dem Spiegel gab es Probleme, weil er zu dick ist (65 cm) und daher am Abend zu langsam abkühlt.

Sog. Haupt-Sternwarte
Pulkowo bei Leningrad,
ursprünglicher Grundriß
des Hauptgebäudes

Längsschnitt
von Ost nach West

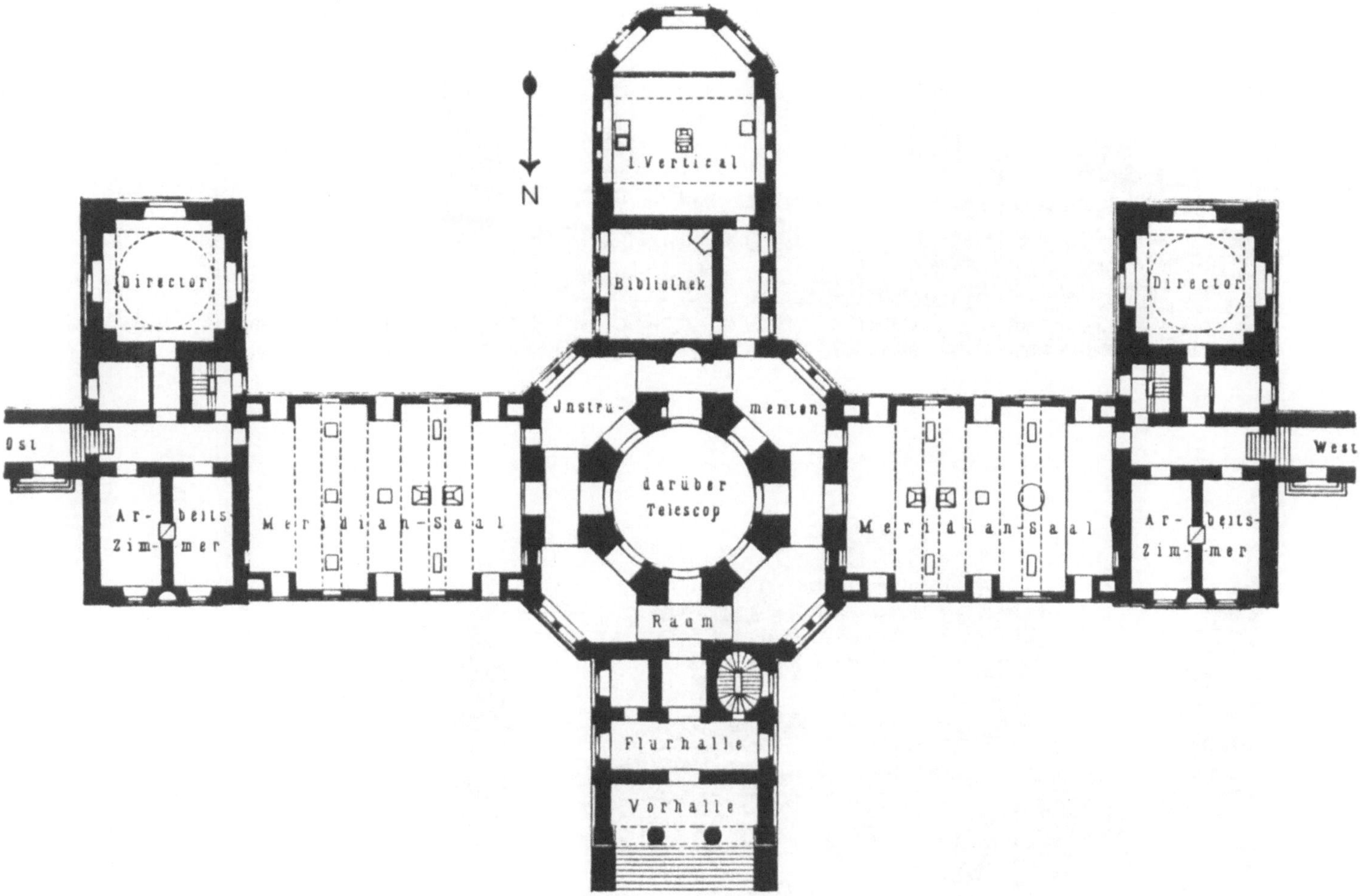

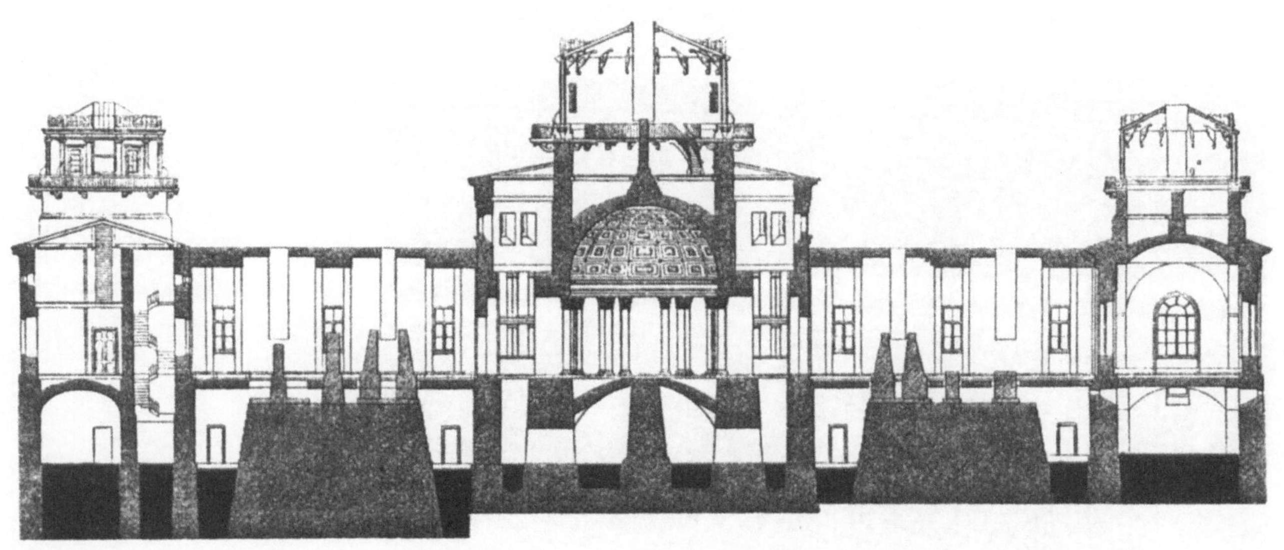
N
1 Vertical
Bibliothek
Director
Director
Ost
West
Instru- menten-
darüber
Telescop
Raum
Meridian-Saal
Meridian-Saal
Ar- beits-
Zim- mer
Ar- beits-
Zim- mer
Flurhalle
Vorhalle

Die Hauptfassade
nach Norden vor 1900

Der achteckige Bau mit
Zeltdach, der den großen,
1885 vollendeten Refraktor
enthielt

Das heutige Observatorium
Pulkowo von Süden
(Rückseite)

Die ehemals kurfürstliche Residenzstadt Bonn gehörte seit 1815 zu Preußen, und 1818 wurde die Bonner Universität von Berlin aus gegründet und gefördert. Aus Helsinki wurde der Astronom FRIEDRICH W. ARGELANDER nach Bonn berufen. Der Universitätsarchitekt PETER J. LEYDEL entwarf ein Observatorium, doch Argelanders Förderer, der Kronprinz und spätere König FRIEDRICH WILHELM IV., beauftragte den obersten Baumeister von Preußen, KARL F. SCHINKEL, Leydels Pläne zu bearbeiten und zu verfeinern.

Die alte UNIVERSITÄTS-STERNWARTE BONN, 1839 südlich der Poppelsdorfer Allee begonnen, hat als Grundriß ein kompliziertes Kreuz mit einem großen Rundturm in der Mitte und sechs kleineren an den Enden von drei Kreuzarmen. Diese Türme tragen keine Kuppeln, sondern hölzerne, zylinderförmige Aufbauten mit kegelförmigen Dächern, wie an der Sternwarte in Helsinki. Diese drehbaren, aber veralteten Aufbauten sind noch erhalten. Der Bau besteht aus Ziegeln mit sparsamen Ornamenten aus Naturstein. In der Mitte ragt ein dikker runder Stützpfeiler vom Boden her wie ein Rückgrat auf; er trug das Hauptfernrohr (ursprünglich ein Heliometer) im Aufbau des großen Turmes. Um diesen Pfeiler, genauer um seine runde Verkleidung, ist eine Wendeltreppe geführt. – In diesem Gebäude erarbeitete Argelander seinen berühmten Sternkatalog, genannt »Bonner Durchmusterung«. Er bestimmte die Koordinaten von 324 188 Fixsternen am nördlichen Himmel mit einem erstaunlich kleinen Refraktor mit nur 7,8 cm Öffnung!*

* Schmidt, Hans: Astronomen der Rheinischen Friedrich-Wilhelms-Universität Bonn. Ihr Leben und Werk 1819–1966. Bouvier Verlag. Bonn 1990

Da dieses Sternwartengebäude nicht erweiterungsfähig war, errichtete man 1895 im Park einen Kuppelpavillon mit einer »echten«, halbkugelförmigen Metallkuppel. Darin stand ein photographischer Doppelrefraktor mit Öffnungen von 36 bzw. 30 cm (Optik von Steinheil/München, Montierung von Repsold/Hamburg). Dieser Kuppelbau – ohne das ursprüngliche Fernrohr – steht heute der Bonner Volks-Sternwarte zur Verfügung.

Da sich nach 1945 die Umweltbedingungen für Beobachtungen immer mehr verschlechterten, wurden sie eingeschränkt, die Meridian-Instrumente entfernt und deren Säle umgebaut. In den Jahren 1952–65 wurde nahe dem Ort Daun in der Eifel, 90 km von Bonn entfernt, ein neues Observatorium auf dem Hohen List (550 m) erbaut. Dorthin wurde der genannte Doppelrefraktor übertragen sowie ein neuer Cassegrain-Spiegel von Askanaia/West-Berlin und Rademakers/Rotterdam aufgestellt. Mit einem Durchmesser von 106 cm war er damals der größte in der Bundesrepublik.

Die alte Bonner Sternwarte, unter Denkmalschutz, wurde für Verwaltung und Unterricht zu klein, daher übersiedelten die Astronomen 1973 in einen Neubau im Vorort Bonn-Endenich. Hier sind die drei Universitätsinstitute für Astronomie, Astrophysik bzw. Extraterrestrische Forschung und Radioastronomie vereint. Im Erdgeschoß sind historische Instrumente ausgestellt. Das Max-Planck-Institut für Radioastronomie Bonn (im selben Gebäude) verfügt über das größte bewegliche Radio-Teleskop der Welt mit 100 m Durchmesser. Es befindet sich in der Eifel bei Bad Münstereifel-Effelsberg.

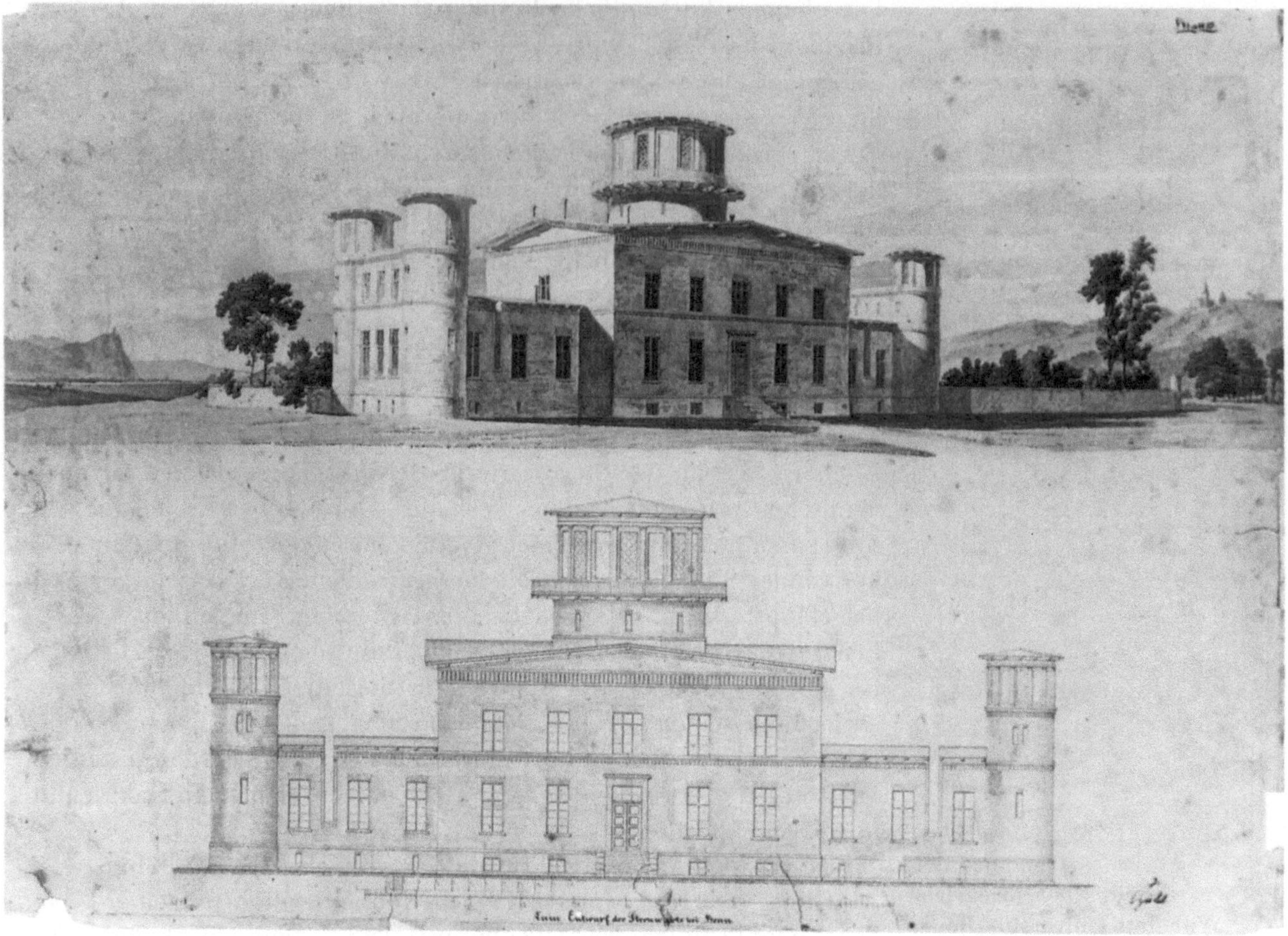

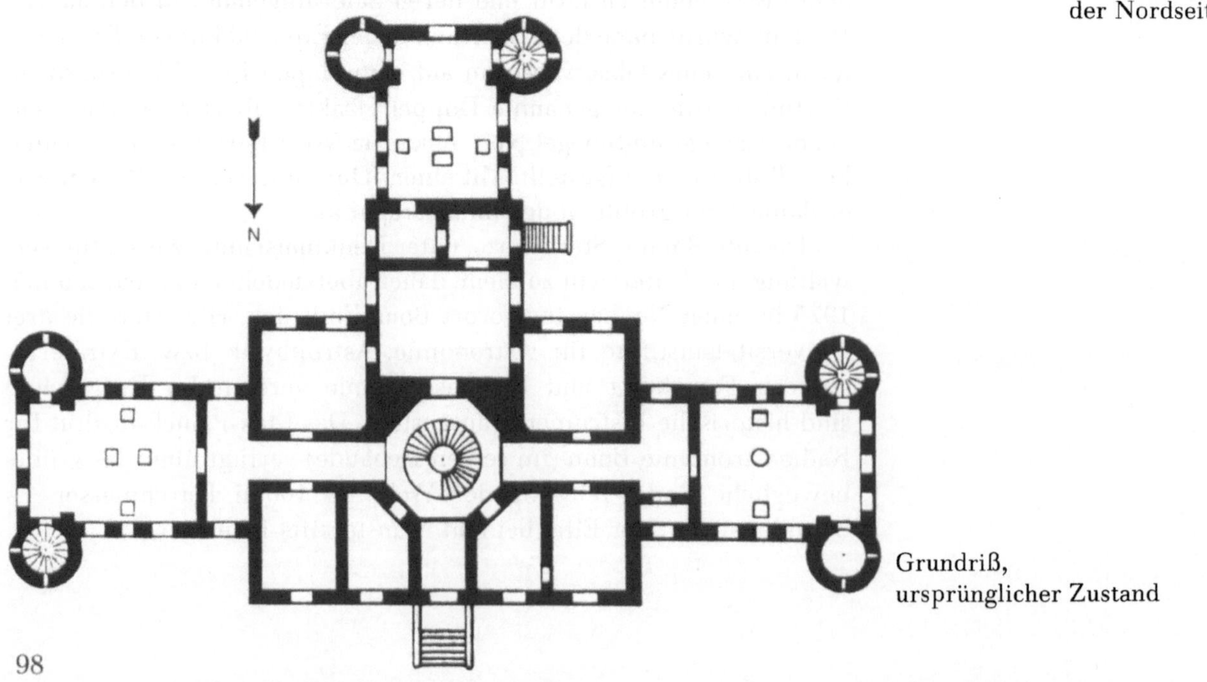

Originalzeichnung
von Schinkel mit dem
endgültigen Entwurf zur
Bonner Sternwarte,
oben Ansicht
in der Landschaft,
unten Aufriß
der Nordseite

Grundriß,
ursprünglicher Zustand

Vorderseite der Bonner
Sternwarte von Nordwesten

Rückseite von Südosten

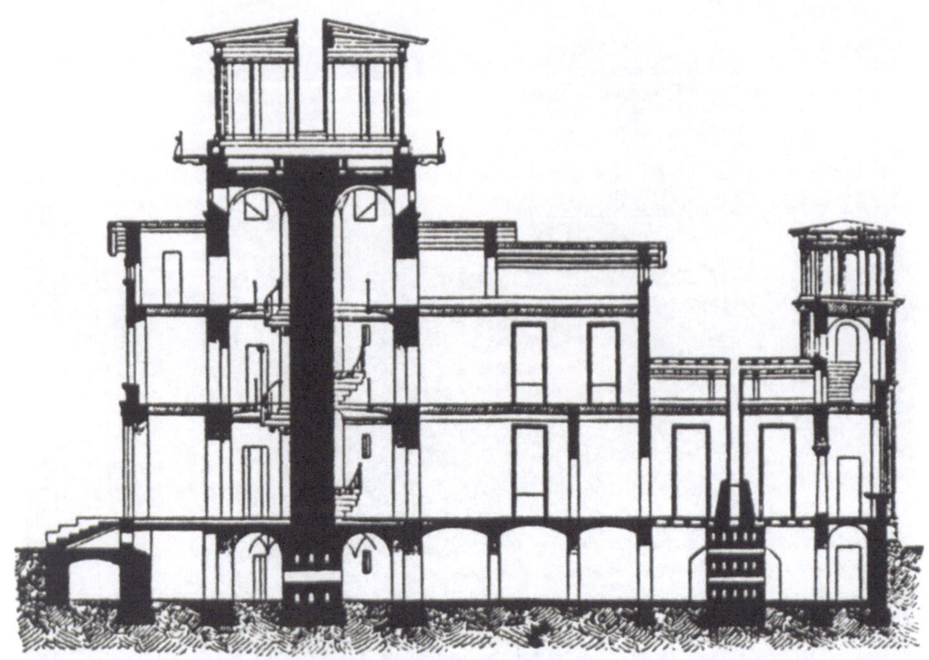

Längsschnitt
von Nord nach Süd

Der runde Stützpfeiler in der
Mitte der Eingangshalle,
links der kleine Refraktor,
der für die
»Bonner Durchmusterung«
benutzt wurde

Der Kuppelpavillon
im Park, errichtet für den
großen Doppelrefraktor,
dient heute der Bonner
Volks-Sternwarte
für Vorträge

Athen hat eine gewisse astronomische Tradition: schon im 5. Jahrhundert v. Chr. wurden Beobachtungen aus wissenschaftlichem Interesse gemacht. Um 40 v. Chr. erbaute ANDRONIKOS VON KYRRHOS den achteckigen Turm der Winde am Römischen Markt, der aber kein Observatorium war, sondern ein öffentliches Uhren- und Wetterhaus mit Sonnenuhren und einer Windfahne auf der Turmspitze. Innen befand sich eine Wasseruhr und vielleicht sogar ein mechanisches Planetarium.

1830 war Griechenland von der türkischen Herrschaft befreit und als selbständiges Königreich unter König Otto I. wiedererstanden. Dem ehemaligen Prinzen von Bayern folgten deutsche bzw. nordeuropäische Archäologen und Architekten ins Land. Nach der Gründung der Universität wurde 1842 der Grundstein zum GRIECHISCHEN NATIONAL-OBSERVATORIUM ATHEN gelegt. Ermöglicht wurde es durch den vermögenden griechischen Baron GEORG SINAS, Konsul seines Landes in Wien. Der Nymphenhügel westlich der Akropolis (die zu dieser Zeit intensiv erforscht wurde) war unter den damaligen Verhältnissen ein hervorragender Standort. Die endgültigen Pläne zeichnete der junge Däne THEOPHIL HANSEN, dessen klassizistischer Baustil ganz dem neuerwachten Nationalstolz der Griechen entsprach. Sein Observatorium ist ein reich geschmückter Tempel der Astronomie, für Astronomen aber weniger geeignet wegen der Raumnot. Der Grundriß ist kreuzförmig, im kurzen Ostflügel war Platz für ein Meridian-Instrument. Die ornamentierte Kuppel hat über ihrem Scheitel eine Bekrönung, die weggeklappt werden kann.

Um 1896 wurde ein größerer Kuppelbau auf dem südlich benachbarten Pnyx-Hügel errichtet. Darin steht der Doridis-Refraktor von Gautier (Paris) mit einer 40 cm-Objektivlinse. In der modernen Außenstation im Pentele-Gebirge nördlich von Athen können die Astronomen fast 300 klare Nächte im Jahr nutzen.

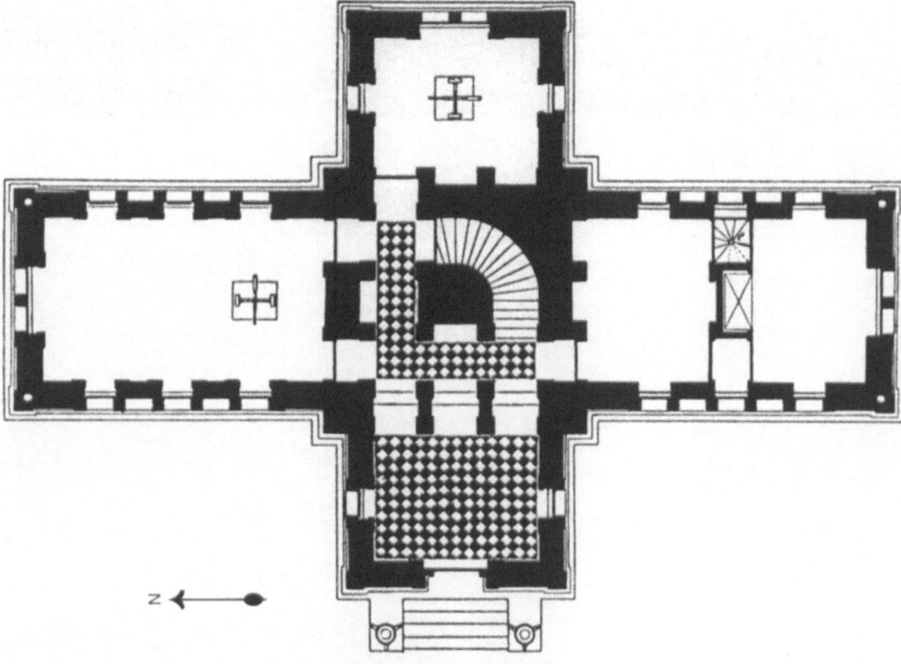

Grundriß der
Athener Sternwarte

Die Athener Sternwarte
über dem Steilabfall des
Nymphenhügels,
von Südosten

Aussicht von der Terrasse
um die Kuppel,
nach Südosten zur
Akropolis hin

Die Westseite mit dem Portal

Längsschnitt
von Nord nach Süd

Das Linsenfernrohr wurde um 1608 in den Niederlanden erfunden, aber hier nicht gleich für Himmelsbeobachtungen erprobt. An der Universität Leiden war die Astronomie verhältnismäßig früh ein Fach der Wissenschaften, freilich in Verbindung mit Mathematik und Physik. Die 1633 gegründete UNIVERSITÄTS-STERNWARTE LEIDEN war die erste dieser Art in ganz Europa. Eine hölzerne Beobachtungsplattform auf dem Dach des damaligen Universitätsgebäudes war ein Provisorium, das über 200 Jahre dauerte.

Ein zeitgemäßes Sternwartengebäude konnte erst der Astronom FREDERIK KAISER 1858–60 verwirklichen. Er wählte einen Platz innerhalb der südwestlichen Ausbuchtung des früheren Befestigungskanals, neben dem Botanischen Garten. Für das Fundament wurden, wie in den Niederlanden damals üblich, über tausend Holzpfähle in den feuchten Untergrund gerammt. Der langgestreckte Bau hat zwei Seitenpavillons, die für Wohnungen vorgesehen waren. Der mittlere Pavillon trug nur eine Kuppel, später kamen drei weitere hinzu. Das Haupt-Instrument steht auf einem durchgehenden, isolierten Stützpfeiler, der mitten in der Eingangshalle zu sehen ist.

Die Leidener Sternwarte ist durch die heutigen Umweltbedingungen ebenfalls beeinträchtigt, Beobachtungen werden fast nur noch von Amateur-Astronomen gemacht.

Rückseite des alten Universitätsgebäudes mit den Aufbauten und Plattformen, die nach 1633 für Beobachtungen dienten. Zeitgenössische Darstellung

Das alte Universitätsgebäude
am Rapenburg-Kanal
in Leiden

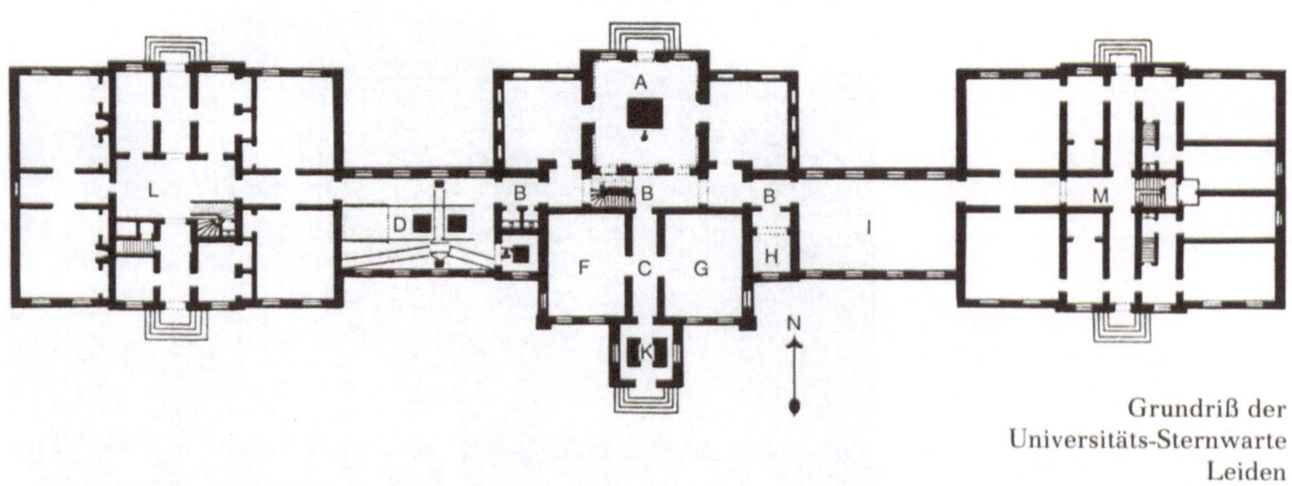

Grundriß der
Universitäts-Sternwarte
Leiden

Rückseite (Südseite)
der heutigen
Universitäts-Sternwarte
am selben Kanal

Nachdem der Runde Turm in Kopenhagen (1637–42) um 1850 als Sternwarte zu »unmodern« geworden war, plante man eine neue, zeitgemäße UNIVERSITÄTS-STERNWARTE. Sie wurde auf einem ehemaligen Befestigungswall westlich des Schlosses Rosenborg angelegt. Diese Lage war damals gerade noch günstig. Die 1861 vollendete Sternwarte ist langgestreckt und hat einen kurzen Flügel nach hinten bzw. Norden. In den drei Flügeln waren drei Meridian- bzw. Passage-Instrumente aufgestellt, alle Stützpfeiler sorgfältig isoliert. Damit war diese Sternwarte auf der Höhe ihrer Zeit. In den beiden Seitenpavillons wohnten ursprünglich die Beobachter. Vor dem Eingang steht eine Statue von Tycho Brahe und erinnert an die große Tradition der Astronomie in Dänemark. Der Architekt CHRISTIAN HANSEN wählte für diese Sternwarte einen bescheidenen, rustikalen Stil, im Unterschied zur klassizistischen Athener Sternwarte, die sein Bruder Theophil entworfen hatte.

Die Lage der Kopenhagener Sternwarte, nahe der belebten Durchgangsstraße Ostervoldgade, ist auch ungünstig geworden. Für Beobachtungen wird eine Außenstation bei Brorfelde benutzt.

Südseite der
Universitäts-Sternwarte
Kopenhagen mit
Portalvorbau

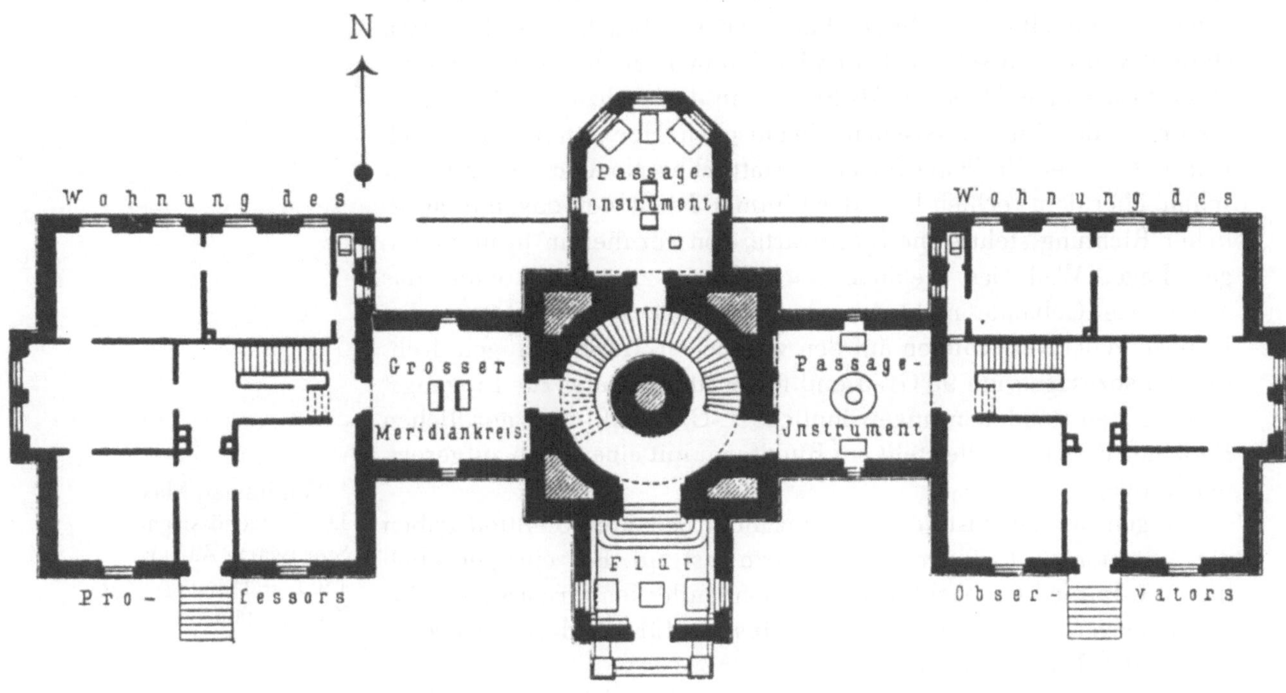

Grundriß der
Sternwarte Kopenhagen

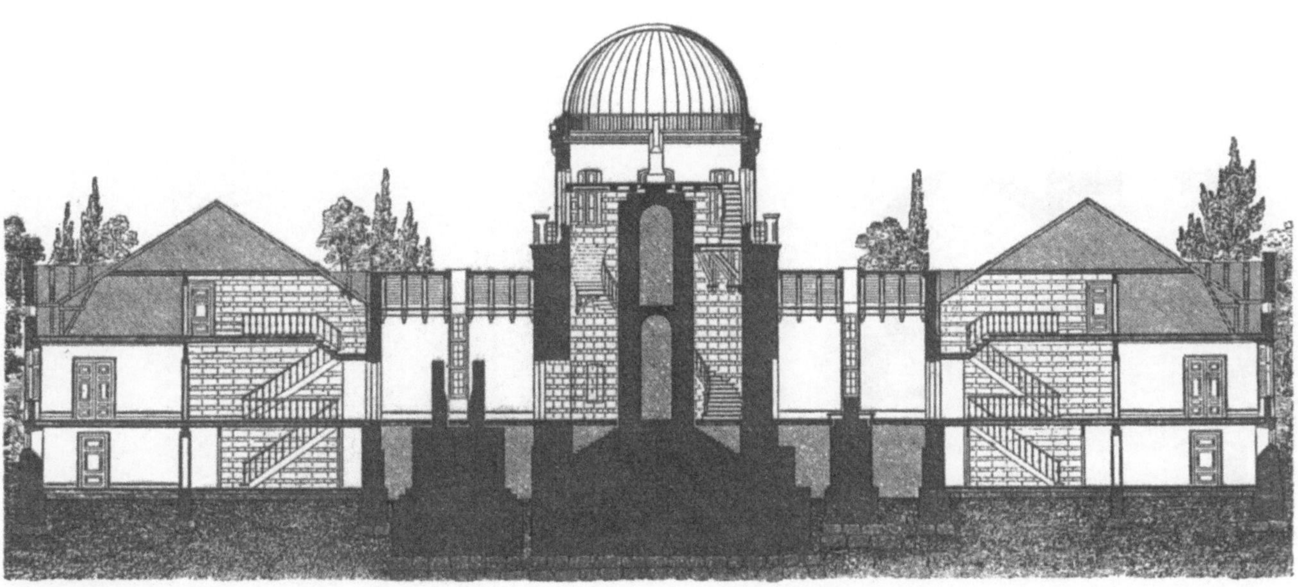

Längsschnitt
von West nach Ost

Die Sternwarte der Technischen Hochschule Zürich, vollendet 1864, ist die ältere in dieser Stadt. Dieses beachtliche Bauwerk stammt von einem sehr bedeutenden Baumeister dieser Zeit: Gottfried Semper aus Dresden. Als Semper in den sechziger Jahren Professor an der Eidgenössischen Technischen Hochschule in Zürich war, entwarf er die Pläne für einen stattlichen Neubau dieser Hochschule über dem rechten Ufer der Limmat. Nicht weit davon in nördlicher Richtung steht seine Sternwarte, von vornherein in ungünstiger Lage. Weil das Gelände nach Osten ansteigt, konnte das orientierte Gebäude nicht lang sein. Semper und der Astronom Rudolf Wolf verzichteten auf den westlichen Meridianflügel, drehten ihn sozusagen um 90 Grad und legten ihn parallel zur Eingangshalle. So entstand der ungewöhnliche L-Grundriß. Am nördlichen Ende der Eingangshalle steht ein Rundturm mit einer hoch aufgesetzten Kuppel.*

Wegen der ungünstigen Lage im dicht bebauten Stadtteil gaben die Astronomen 1979 diese Sternwarte fast auf. Ein einziger blieb hier, um speziell Beobachtungen von Sonnenflecken fortzusetzen. Das erhaltenswerte Gebäude wurde dem Institut für Wald- und Holzforschung der TH überlassen.

Die leistungsfähigen Sternwarten der Schweiz befinden sich in den Alpen (siehe Jungfraujoch, Sphinx-Observatorium 1936–1937).

* Waldmeier, Max:
Die Eidgenössische
Sternwarte Zürich
1863–1963.
Zürich 1963

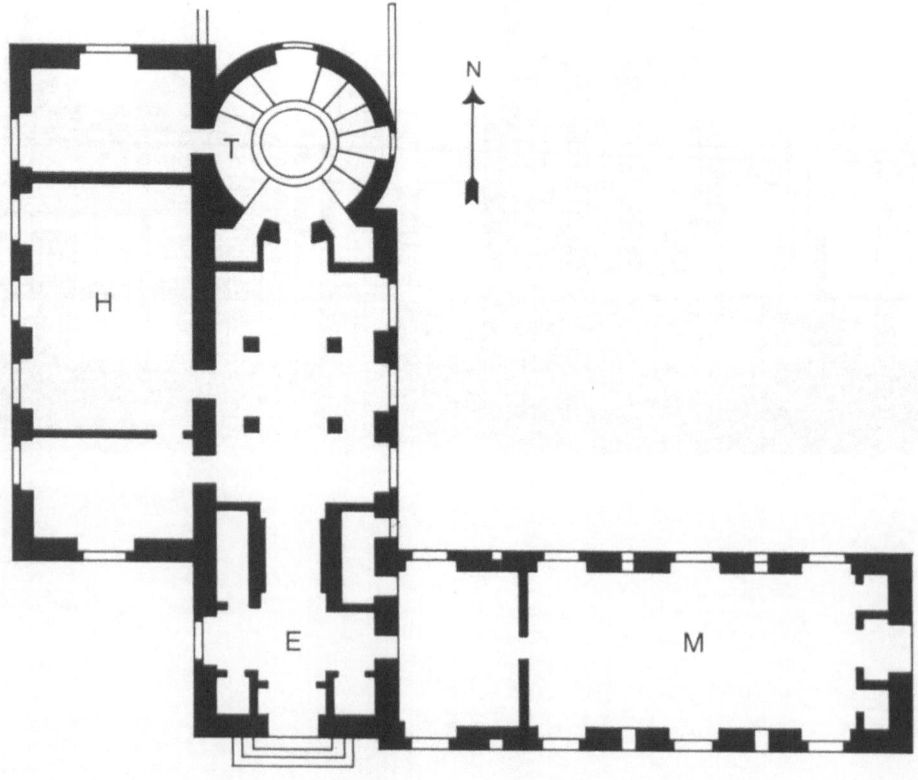

Grundriß mit ursprünglicher
Aufteilung:
E = Eingangshalle;
H = Hörsaal;
M = Meridianflügel;
T = Treppe im Rundturm

Die Sternwarte der
TH Zürich von Südosten. Auf
dem Dach ein Parabolspiegel
zum Empfang von
Radiowellen

Der Rundturm
als Träger der Kuppel

Während der Regierungszeit von Kaiserin MARIA THERESIA wurde
die Astronomie auch in Wien den Jesuiten anvertraut und 1755 eine
Beobachtungsstätte auf dem Dach des damaligen Universitätsgebäudes (heute Akademie der Wissenschaften, neben der Jesuitenkirche)
errichtet. Nachdem 1842 CARL VON LITTROW Direktor geworden war,
forderte er energisch eine neue, zeitgemäße Sternwarte. Er hatte
mehrere Observatorien besichtigt und wollte sie alle übertreffen.
Aber erst 1874 wurde die heutige UNIVERSITÄTS-STERNWARTE WIEN
außerhalb der Stadt angelegt, nahe der »Türkenschanze« in einem
eigenen Park.* Diese Lage (heute im 18. Bezirk Währing) war für die
damalige Zeit fortschrittlich, das Gebäude selbst leider nicht. Von Littrow wünschte ein überaus repräsentatives, »kaiserliches« Institut mit
einer großen Direktorswohnung (im Südflügel). Zu dieser Zeit war
die berühmte Wiener Ringstraße im Bau, im selben Stil wurde auch
die neue Sternwarte errichtet, von zwei auf Theaterbauten speziali-
sierten Architekten: FERDINAND FELLNER und HERMANN HELMER. Sie
verlegten in die k. u. k. Sternwarte ein repräsentatives Treppenhaus,
würdig eines Theaters. Der Bau hat einen kreuzförmigen Grundriß,
alle damals benötigten Räume waren darin untergebracht. Über dem
Zentrum des Kreuzes erhebt sich die 14 m weite Hauptkuppel, in der
ein 68 cm-Refraktor von Grubb (Dublin) aufgestellt wurde, der bis
heute zu verwenden ist. Drei Flügel waren für Meridian- bzw. Passage-Instrumente vorgesehen und tragen je eine kleine Kuppel am
Ende. Als diese Instrumente entfernt wurden, nutzte man den Raum
für Hörsäle, Arbeitsräume und Bibliothek.

Dieses größte Sternwartengebäude in Europa war eines der letzten in Kreuzform. Die Astronomen erkannten bald die Nachteile
ihrer Sternwarte: Die große Baumasse mit ihren heizbaren Wohn-
und Diensträumen strahlt am Abend die Wärme des Tages ab und
erzeugt dadurch Luftströmungen, die sich bei Beobachtungen störend
auswirken.

1969 wurde als Außenstation das Leopold-Figl-Observatorium im
Wienerwald eröffnet. Dort steht ein 1,52 m-Spiegel von Zeiss/Jena,
verwendbar nach dem Ritchey-Chrétien- und dem Cassegrain-
System. – Die Wiener Sternwarte dient nicht nur der Ausbildung und
Auswertung, hier sind noch bestimmte astrometrische Beobachtungen möglich. Mit Hilfe eines Passage-Instruments im Park werden
minimale Unregelmäßigkeiten der Rotation der Erdachse aufgezeich-
net.

* Littrow, Carl von:
Die neue Universitäts-
sternwarte auf der
Türkenschanze bei Wien.
Wien 1883

Die ehemalige
Wiener Jesuiten-Sternwarte
auf dem Dach des alten
Universitätsgebäudes,
Gemälde von
Bernardo Bellotto
gen. Canaletto, 1760,
Wien Kunsthistorisches
Museum

Universitäts-Sternwarte,
Blick auf den westlichen
Meridianflügel und die
Westkuppel von Süden

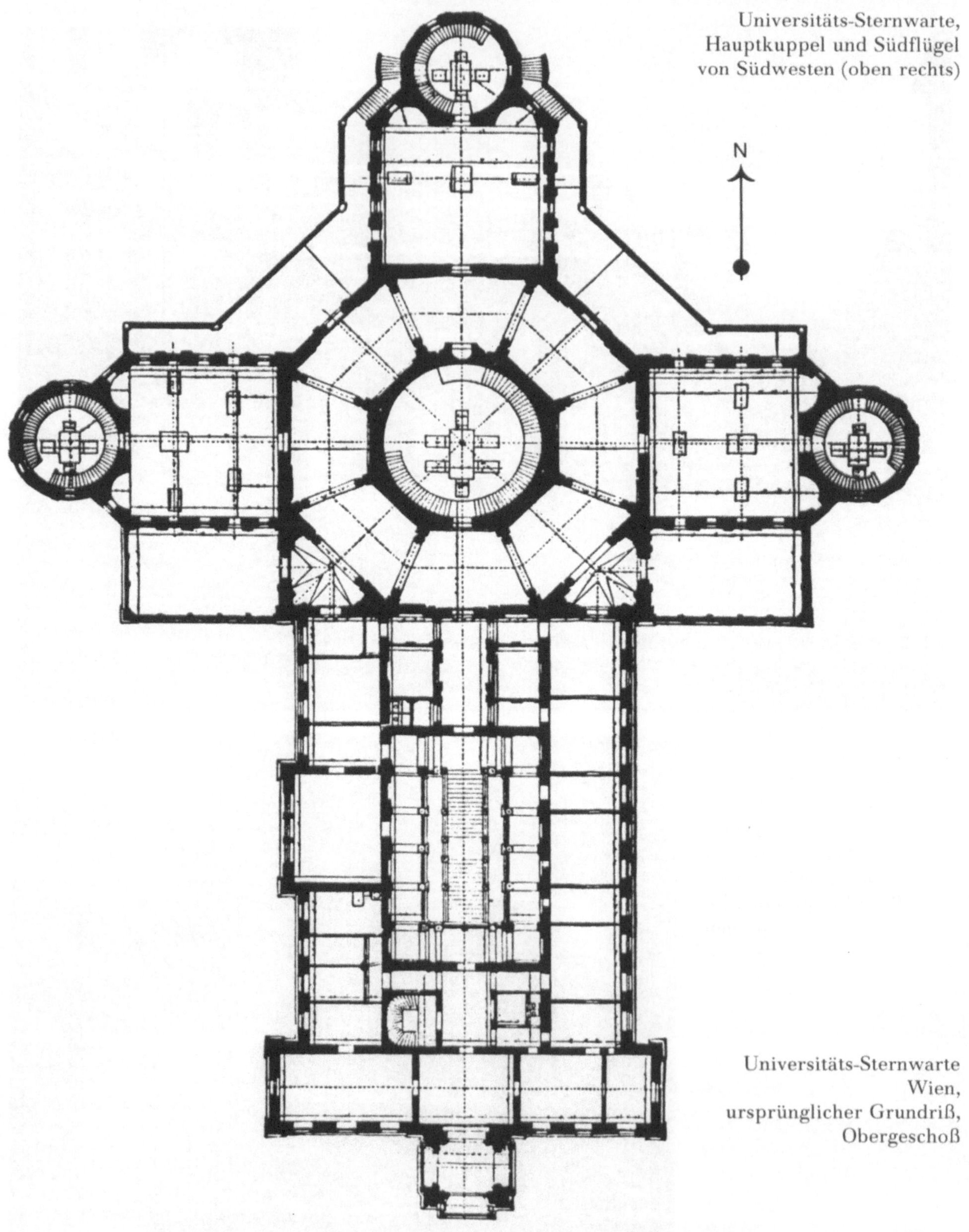

Universitäts-Sternwarte,
Hauptkuppel und Südflügel
von Südwesten (oben rechts)

Universitäts-Sternwarte
Wien,
ursprünglicher Grundriß,
Obergeschoß

Längsschnitt von Nord nach
Süd, ohne Nordflügel
(unten rechts)

Das repräsentative
Treppenhaus,
Aufgang nach Norden
in Richtung Hauptkuppel

Das Treppenhaus,
entgegengesetzter Blick
zum Eingang;
in der Mitte eine Büste
von Kaiser Franz Joseph I.

Schon 1874 wurde das Astrophysikalische Observatorium Potsdam als ein königlich preußisches Institut unter Kaiser Wilhelm I. gegründet. Es war das erste dieser Art überhaupt, von Anfang an der Astrophysik gewidmet, die von der klassischen Astronomie abgetrennt wurde. Die Astrophysiker – hier als erster Hermann C. Vogel – untersuchen die physikalischen und chemischen Eigenschaften der Oberflächen der Gestirne und im Weltraum überhaupt, hauptsächlich mit Hilfe der Spektralanalyse. Bald folgten zwei weitere Gründungen: 1875 das Lick-Observatorium in Kalifornien und das Observatorium in Meudon bei Paris. Ein astrophysikalisches Observatorium braucht keine Meridianräume und darum auch keine Orientierung mehr. Trotzdem wurde dasjenige in Potsdam der Tradition entsprechend in Kreuzform angelegt und Nord-Süd orientiert. 1879 war der Bau nach einem Entwurf des Architekten Paul Spieker vollendet. Dieses Observatorium auf dem Telegraphenberg südlich von Potsdam hat weniger Baumasse als die gleichzeitige Wiener Sternwarte. An der Nordseite steht ein viereckiger Turm, der ursprünglich Wasserturm war.

Da die drei Kuppeln verhältnismäßig klein sind, wurde 1896–99 ein wesentlich größerer Kuppelbau mit 21 m Durchmesser südlich hinter dem Hauptgebäude für den größten (Doppel-)Refraktor errichtet, den es jemals in Deutschland gab. Die beiden Objektivlinsen haben 80 bzw. 50 cm Durchmesser und rund 12 m Brennweite (optische Teile von Steinheil in München, Montierung von Repsold in Hamburg). Leider war die Qualität der großen Objektivlinsen nicht ganz befriedigend, zumindest für Spektralaufnahmen. 1967 wurde dieser photographische Doppelrefraktor stillgelegt. – Nahebei errichtete Erich Mendelsohn 1920/21 den sog. Einsteinturm, der mit seiner eigenwilligen Stromlinienform als ein »expressionistisches« Baudenkmal bekannt wurde. Ein senkrecht feststehendes Fernrohr ist mit einer waagrechten Anlage für Spektralanalyse im Keller kombiniert. Der Astronom Erwin Freundlich versuchte damit, bestimmte Aspekte der Relativitätstheorie zu beweisen.

Nur die Kuppel des Einsteinturmes war bei Kriegsende zerstört. Nach der Wiederherstellung sind seine Instrumente wieder benutzbar für Spektralaufnahmen von der Sonne, speziell für Untersuchungen von solaren Magnetfeldern. Am Hauptgebäude wurden die einst offenen Arkaden des West- und Ostflügels verglast. Das Observatorium wurde 1968 Bestandteil des Zentralinstituts für Astrophysik, damals unter Leitung der Akademie der Wissenschaften in Ost-Berlin.* Das Hauptgebäude dient heute im wesentlichen einem geophysikalischen Institut.

Der große Kuppelbau von 1899 wurde restauriert und als astronomisches Museum hergerichtet. Der große Doppelrefraktor soll wiederhergestellt und sogar beschränkt wiederverwendet werden.

* Treder, Hans Jürgen: Zentralinstitut für Astrophysik der Akademie der Wissenschaften der DDR. Potsdam o. J.

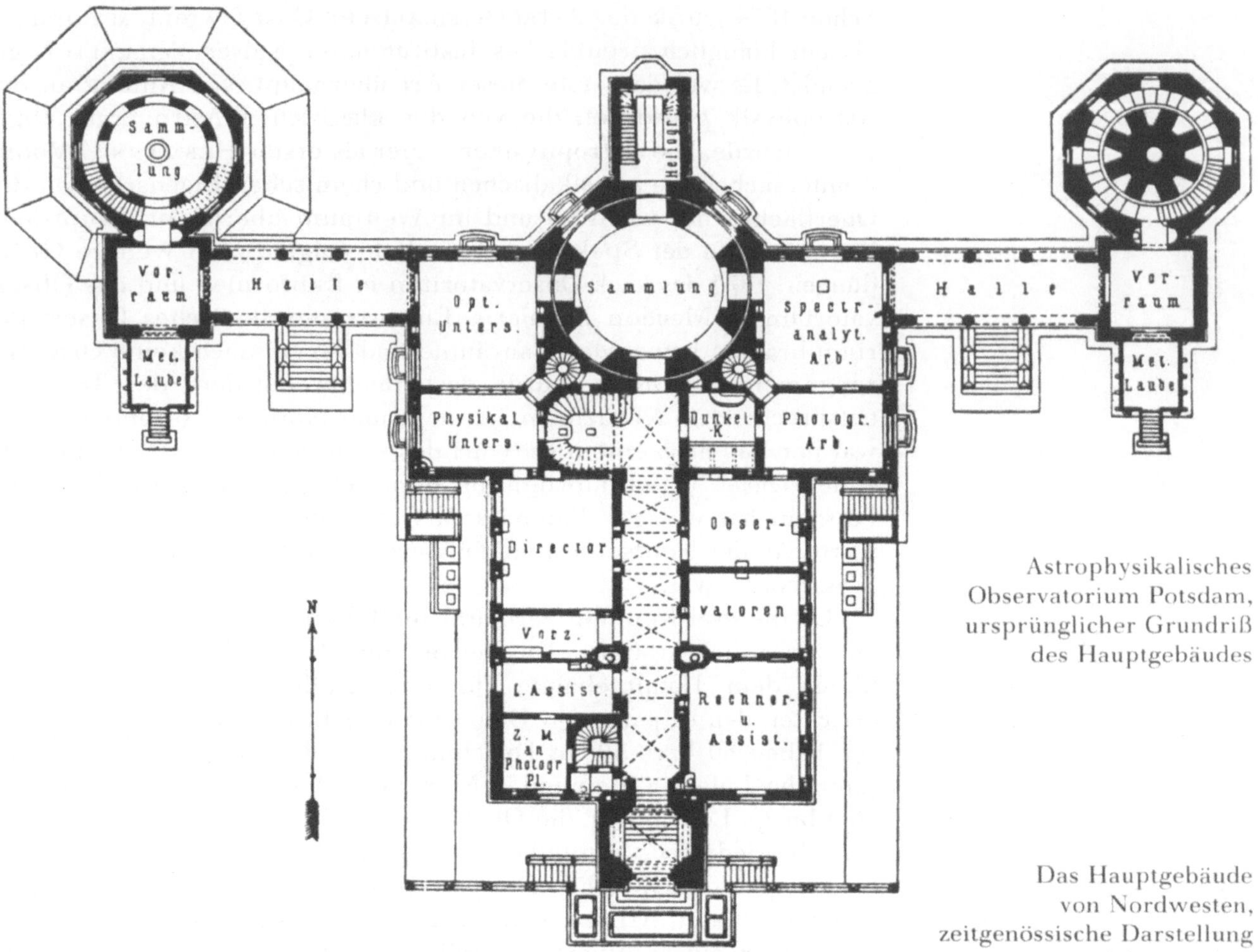

Astrophysikalisches
Observatorium Potsdam,
ursprünglicher Grundriß
des Hauptgebäudes

Das Hauptgebäude
von Nordwesten,
zeitgenössische Darstellung
(oben rechts)

Südseite des ehemaligen
Astrophysikalischen
Observatoriums bzw.
Zentralinstituts.
(unten rechts)

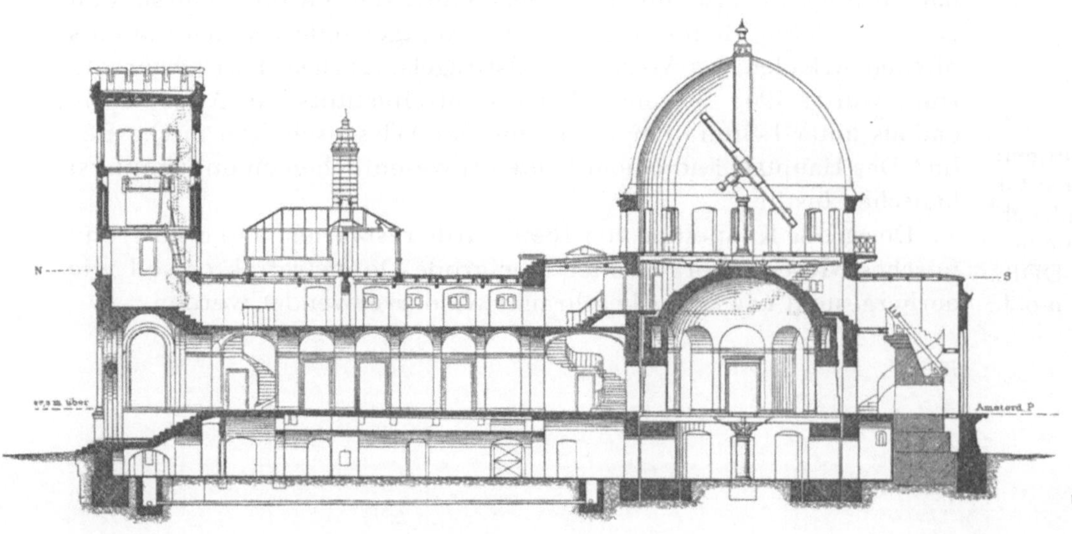

Längsschnitt von
Nord nach Süd,
ursprünglicher Zustand

Der große Kuppelbau
von 1896–99,
gesehen von Norden

Der Doppelrefraktor
in der großen Kuppel

Der Einsteinturm in Potsdam
von 1920/21
im heutigen Zustand

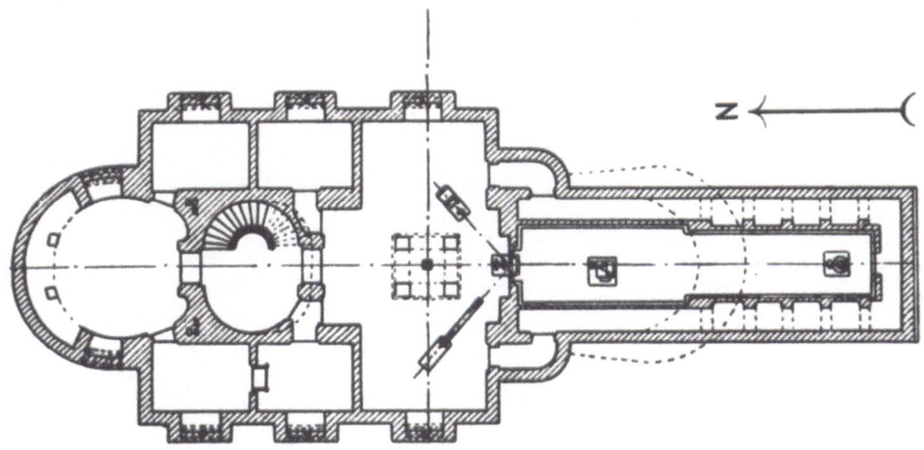

Grundriß desselben

Einsteinturm Potsdam:
Dieselbe Ansicht von Nordwesten mit Längsschnitt

Nach dem Kriege von 1870/71 wurde Elsaß-Lothringen dem neu-
gegründeten Deutschen Kaiserreich angegliedert und die elsässische
Hauptstadt Straßburg im sog. »wilhelminischen« Stil repräsentativ
ausgebaut. Östlich der Altstadt entstand ein neues Stadtviertel mit der
neuen Universität im Mittelpunkt. Hinter dem Universitäts-Hauptge-
bäude wurden mehrere Institute und östlich vom Botanischen Garten
die UNIVERSITÄTS-STERNWARTE STRASSBURG angelegt. Bei diesem Bau
von 1877–82 bevorzugte der Architekt HERMANN EGGERT den Stil der
Neurenaissance wie bei seinem Hauptwerk, dem Hauptbahnhof in
Frankfurt. Verglichen mit dem Astrophysikalischen Observatorium
in Potsdam zeigt die Straßburger Sternwarte eine deutliche Aufteilung. Drei Gebäude sind durch gedeckte Korridore miteinander verbunden: ein Wohnhaus für den Direktor, ein achteckiger Bau mit
Kuppel und ein sog. Observatoriengebäude mit zwei Kuppeln und
Meridianflügel. Von Potsdam übernahm man für den achteckigen
Bau das Gewölbesystem, auf dem der große Refraktor (49 cm : 6,4 m)
ruht. Das andere Stützsystem wählte man dagegen für das Observatoriengebäude: zwei hohe, isolierte Stützpfeiler für die beiden Kuppeln.
Die Grundideen zu dieser Aufteilung hatte der erste deutsche Direktor AUGUST WINNECKE.

Straßburg kam 1919 und dann wieder 1945 zu Frankreich. Der
große Refraktor ist visuell ohne Zusatzgeräte heute noch zu gebrauchen. Auch die Straßburger Astronomen beobachten mehr außerhalb,
aber ihre Beobachtungen können hier ausgewertet werden. Das 1972
an ihrer Sternwarte gegründete Computerzentrum für Sterndaten
kann international genutzt werden. Im Meridianflügel wurde an
Stelle der beiden Meridiankreise ein Planetarium eingerichtet.

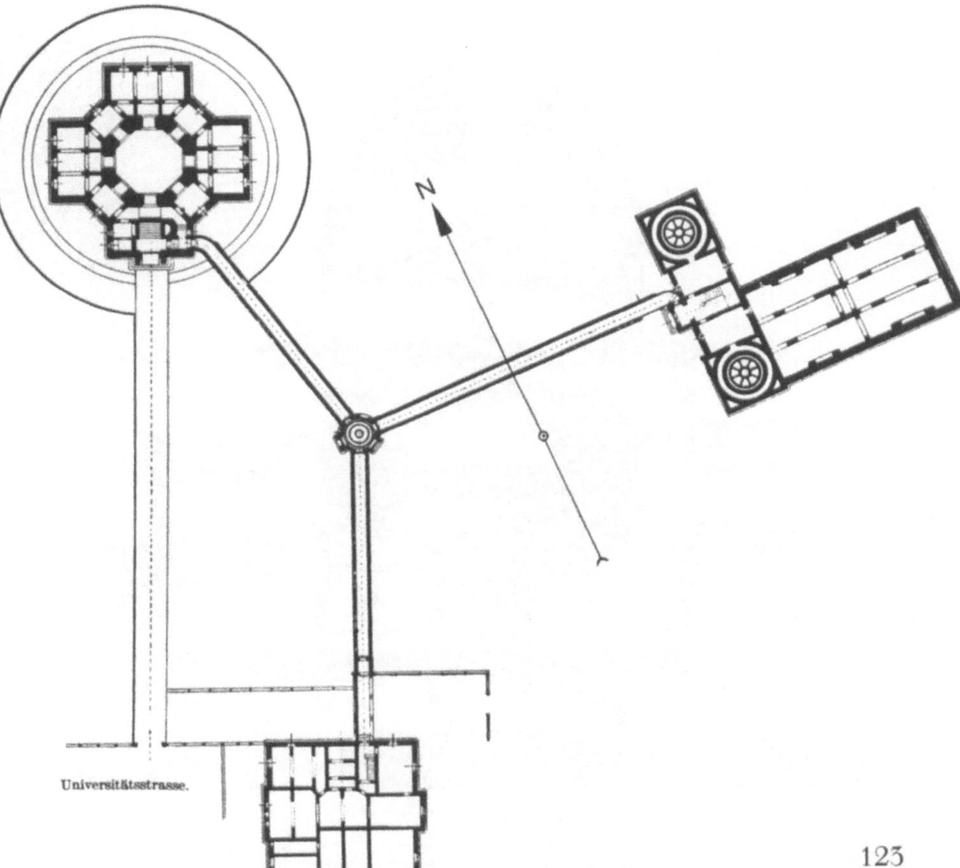

Plan der
Straßburger Sternwarte:
im Norden der große
Kuppelbau, im Osten das
Gebäude mit Meridianflügel,
im Süden Wohnhaus des
Direktors

Der große Kuppelbau
für den großen Refraktor,
gesehen vom
Botanischen Garten

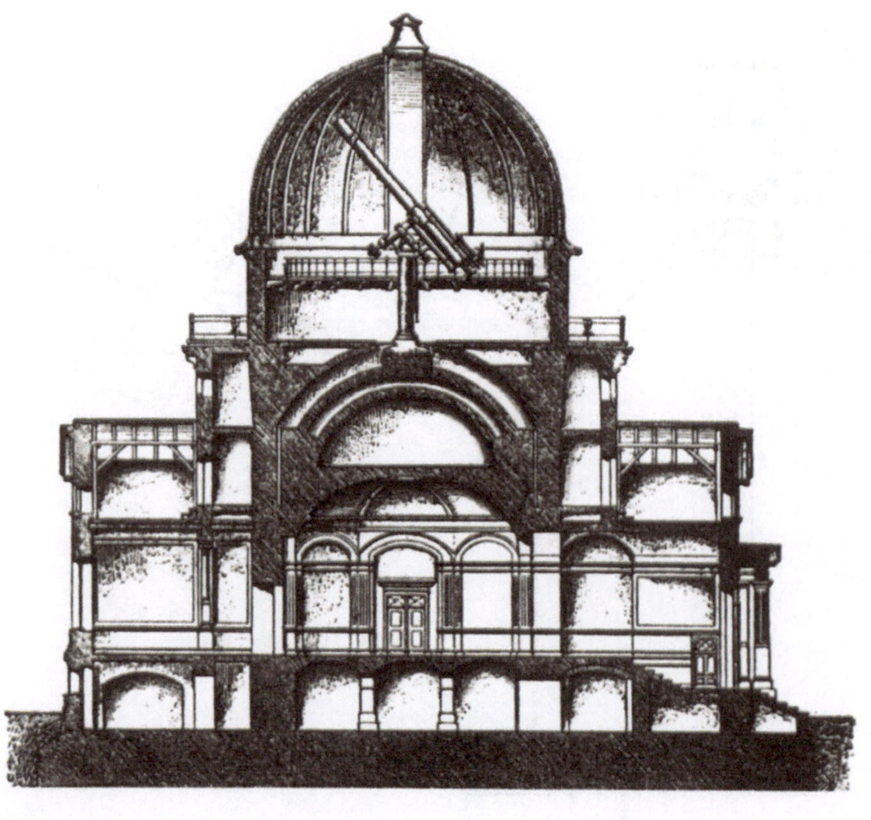

Längsschnitt durch den
großen Kuppelbau von
Nordost nach Südwest

Der Meridianflügel am sog. Observatoriengebäude von Südosten. Darin befindet sich heute ein Planetarium

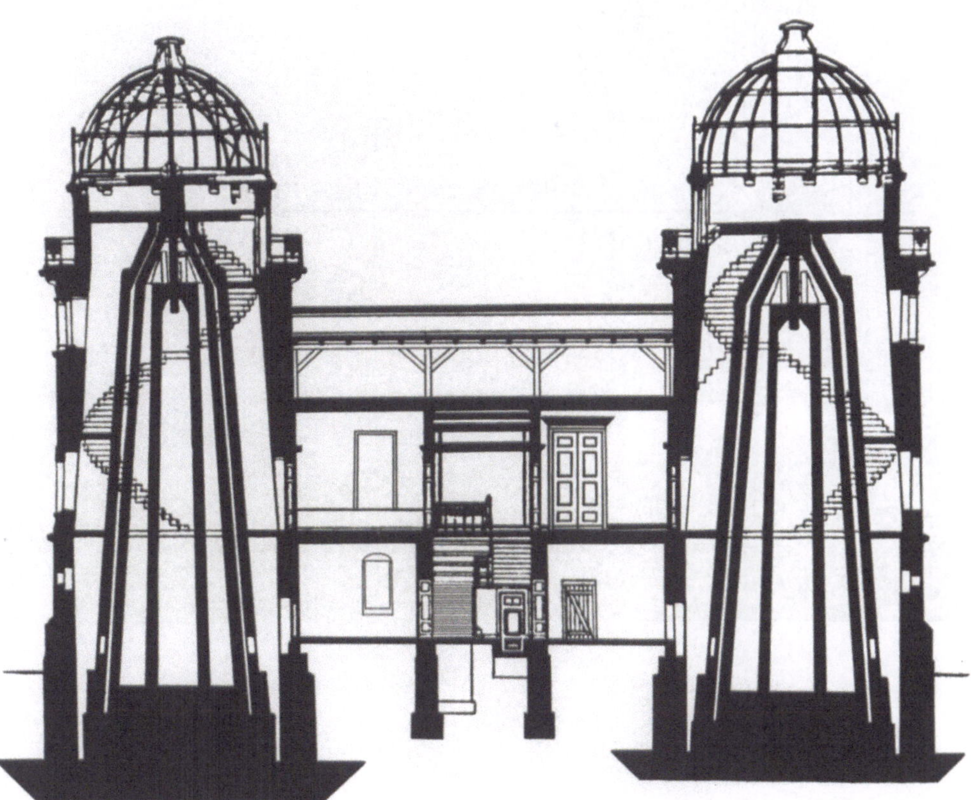

Längsschnitt durch das Observatoriengebäude von Nord nach Süd

Die Geschichte des ASTROPHYSIKALISCHEN OBSERVATORIUMS MEUDON ist wirklich einzigartig. In Meudon, einer Vorstadt zwischen Paris und Versailles, stand das sog. »Château Neuf« (Neues Schloß), von Jules Hardouin-Mansart ab 1706 im Barockstil erbaut und weitgehend zerstört, als die Preußen im Krieg von 1870/71 Paris belagerten. Der Astronom JULES JANSSEN erwarb 1875 die Ruine und schlug vor, sie als ein Observatorium wiederaufzubauen. Der Architekt CONSTANT MOYAUX beließ den mittleren Teil und setzte eine mächtige Kuppel mit 18,5 m Innendurchmesser obenauf. Darin wurde bis 1893 ein Doppelrefraktor von Henry/Gautier aufgestellt, der bis heute der größte in Europa geblieben ist. Das eine Rohr hat eine Objektivlinse von 83 cm (visuell), das andere eine Linse von 62 cm (photographisch), die Brennweiten betragen je 16 m. Beide Rohre sind in voller Länge von einem vierkantigen Kasten umgeben.

JANSSEN widmete sein Observatorium der Astrophysik, dem neuen Zweig der Astronomie. Das heutige Observatorium Meudon liegt in einem prächtigen Park und beschäftigt rund 500 Personen, verwaltungsmäßig ist es mit dem Pariser Observatorium verbunden.

Das ehemalige Schloß »Château Neuf« in Meudon bei Paris, Aufriß der Ostseite (oben rechts)

Das Astrophysikalische Observatorium Meudon von Südosten (unten rechts)

Der einzigartige Kuppelbau von Südwesten, wo das Niveau um zwei Geschosse höher ist

Die REMEIS-STERNWARTE BAMBERG ist nach ihrem Stifter, dem Lieb-
haber-Astronomen Dr. CARL REMEIS, benannt, der sein Vermögen für
den Bau dieser Sternwarte hinterlassen hatte. Der Architekt HER-
MANN EGGERT wirkte als Berater mit, denn seine Straßburger Sternwarte galt als vorbildlich. Die etwas kleinere Bamberger Sternwarte
besteht aus einem Hauptgebäude (auch Wohnhaus) und einem Beobachtungsgebäude, die durch einen gedeckten, geknickten Korridor
verbunden sind. Das zweite Gebäude ist in West-Ost-Richtung angelegt, darin befindet sich zwischen zwei Rundtürmen mit Kuppel ein
großer Raum für ein Passage-Instrument. Das Haupt-Instrument war
anfangs ein Heliometer (seltener Fernrohrtyp), seit 1946 ist es ein
60 cm-Spiegel. Der erste Astronom bzw. Direktor war ERNST HART-
WIG.

Als man das Passage-Instrument nicht mehr benötigte, wurde es
entfernt und der Meridianspalt geschlossen. Dadurch konnte Platz
für die Bibliothek geschaffen werden. Die Remeis-Sternwarte war
ursprünglich eine öffentlich-lokale Stiftung und wurde erst 1962 als
Astronomisches Institut an die Universität Erlangen-Nürnberg angeschlossen.*

* Bues, J.; Strohmeier, W.;
Wolfschmidt, G:
100 Jahre
Dr. Remeis-Sternwarte
Bamberg.
Bamberg 1989

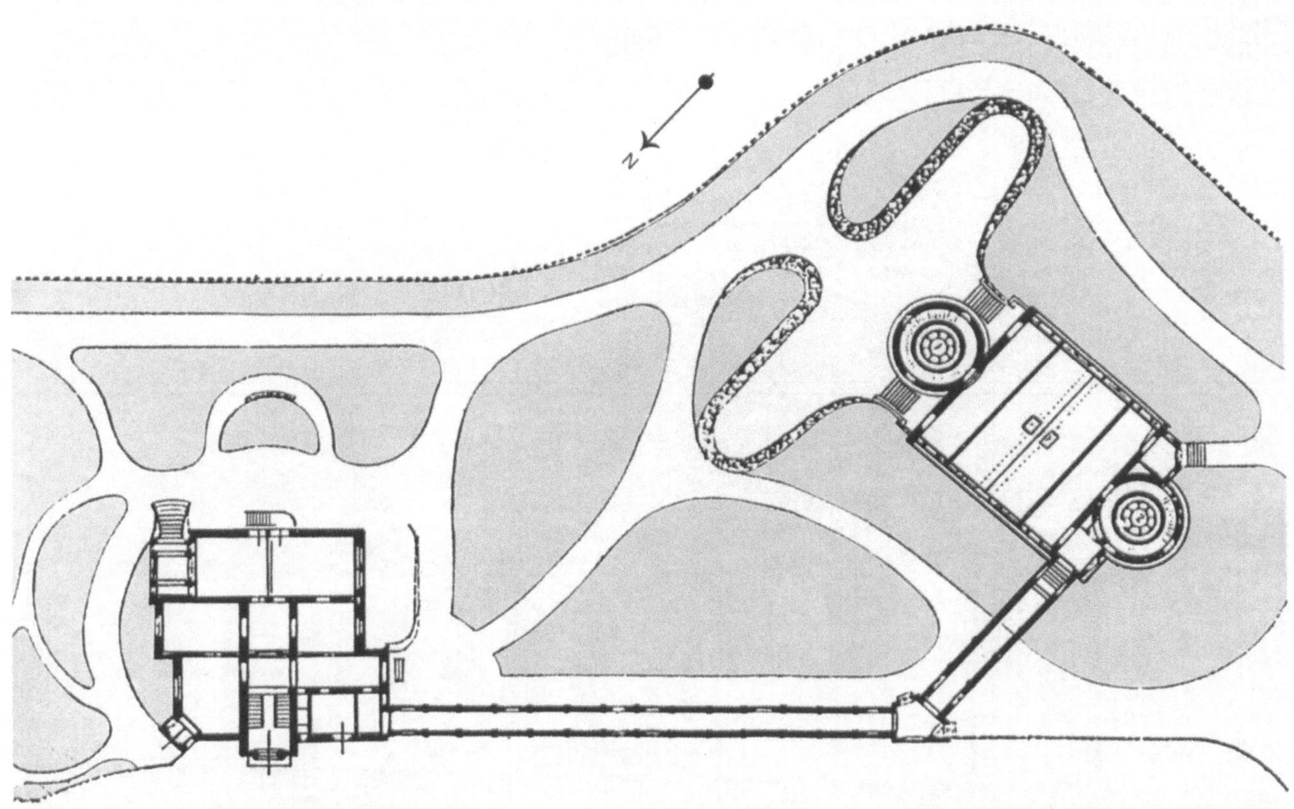

Ursprünglicher Plan
der Bamberger Sternwarte:
links das Wohnhaus,
rechts das
Beobachtungsgebäude

Der Ostturm,
der sog. Hartwig-Turm,
der das 60 cm-
Spiegelfernrohr enthält

Die Anfänge der Astronomie an der Universität Jena liegen weit
zurück, schon 1697 errichtete man einen achteckigen Beobachtungsturm über dem Torgebäude. Herzog Carl August von Sachsen-
Weimar gründete 1811 eine neue Sternwarte in Jena, unterstützt von
seinem »Kultusminister« Johann W. von Goethe. Man begnügte sich
mit einem Anbau an jenem Haus, in dem Schiller gewohnt hatte.

Eine neue Periode begann, als Ernst Abbe 1875 Teilhaber von
Carl Zeiss wurde und die Zeiss-Werke die Herstellung astronomi-
scher Instrumente aufnahmen. Als Professor für Astronomie ließ
Abbe 1888, auf eigene Kosten, die Universitäts-Sternwarte Jena
am Schillergäßchen erbauen. Sie ist auf eine kleine Form reduziert:
ein Achteck mit einer Kuppel obenauf, zwei kurze Meridianflügel. In
den dreißiger Jahren modernisiert, dient sie heute nur noch der Ausbildung. Nahebei steht die Urania Volks-Sternwarte Jena, gegründet
1909, ihr Gebäude wurde 1937 errichtet.

In der Umgebung gibt es eine Außenstation bei Großschwabhau-
sen und vor allem das bedeutende Karl-Schwarzschild-Observatorium
bei Tautenburg, 15 km von Jena entfernt. Dieses besitzt ein Univer-
sal-Spiegelfernrohr von Zeiss mit 2 m Durchmesser, 1960 vollendet
und auch als Schmidt-Teleskop zu gebrauchen.

Universitäts-Sternwarte Jena

Die »Grande Corniche« ist eine Küstenstraße von Nizza in Richtung Monaco, nahe zu ihr liegt die UNIVERSITÄTS-STERNWARTE NIZZA auf dem Mont Gros, 372 m hoch. Die Aussicht von dort ist großartig: im Süden das Mittelmeer, im Norden die Schneegipfel der See-Alpen. Dieses Observatorium wurde 1879 als erstes beständiges Berg-Observatorium in Europa gegründet, es folgte damit dem Lick-Observatorium auf dem Mount Hamilton in Kalifornien (1875–88). Die Stadt Nizza ist nur 12 km entfernt, nicht weit genug. Diese Sternwarte ist nicht mehr eingeengt in ein großes Gebäude wie die in Wien und Potsdam. Mit der Sternwarte Nizza wurden drei neue Grundregeln der Sternwarten-Architektur auch in Europa eingeführt: erhebliche Entfernung von der nächsten Stadt, erhöhte Lage, Aufteilung in mehrere Bauten, für jedes Instrument einer. Die einzelnen Bauten sind so gestaffelt, daß die Südrichtung für Beobachtungen im Meridian frei bleibt. Anfangs standen etwa 8 Gebäude auf dem Mont Gros, heute sind es mehr als 20.

Herausragend ist der große weiße Kuppelbau, genannt »Coupole Bischoffsheim«. Der untere Bauteil aus Stein, über quadratischem Grundriß, erinnert an griechische und ägyptische Baukunst. Die Kuppel aus Metall jedoch, mit 26 m Durchmesser die größte in Europa, ist ein reines Ingenieurwerk. Die Gesamtkonstruktion ist ein Werk des Architekten CHARLES GARNIER (Pariser Oper!) und des Ingenieurs GUSTAVE EIFFEL (Eiffelturm!). Kaum glaubhaft: ursprünglich ruhte die schwere Kuppel nicht nur auf Rollen, sondern tauchte auch in eine kreisförmige, mit Wasser gefüllte Rinne ein. In der Kuppel steht ein gewaltiger Refraktor mit einer 76 cm-Objektivlinse von den Brüdern PAUL und PROSPER HENRY in Paris, die Firma Gautier lieferte die Montierung mit einem 18 m langen Rohr. Dieser Refraktor von 1886 war einst der größte und ist noch der fünftgrößte der Welt.

Die Sternwarte Nizza war für die Franzosen ein Prestige-Vorhaben. Sie wollten hier unbedingt die leistungsfähigste Sternwarte wenigstens in Europa schaffen, während die Deutschen neue Observatorien in Potsdam und Straßburg errichteten. Der Pariser Bankier RAPHAEL BISCHOFFSHEIM machte dies mit großzügigen Geldspenden möglich.

Erst 1969 wurde die Sternwarte der Universität Nizza angeschlossen, dann reorganisiert, und ein internationales Rechenzentrum auf Computer-Basis wurde eingerichtet. JEAN CLAUDE PECKER, seit 1962 Direktor, hat sich astrophysikalischen Forschungen zugewandt.*

* Clorennec, A. u. a.:
1881–1981.
Cent Ans d'Astronomie
à l'Observatoire de Nice.
Nizza 1981

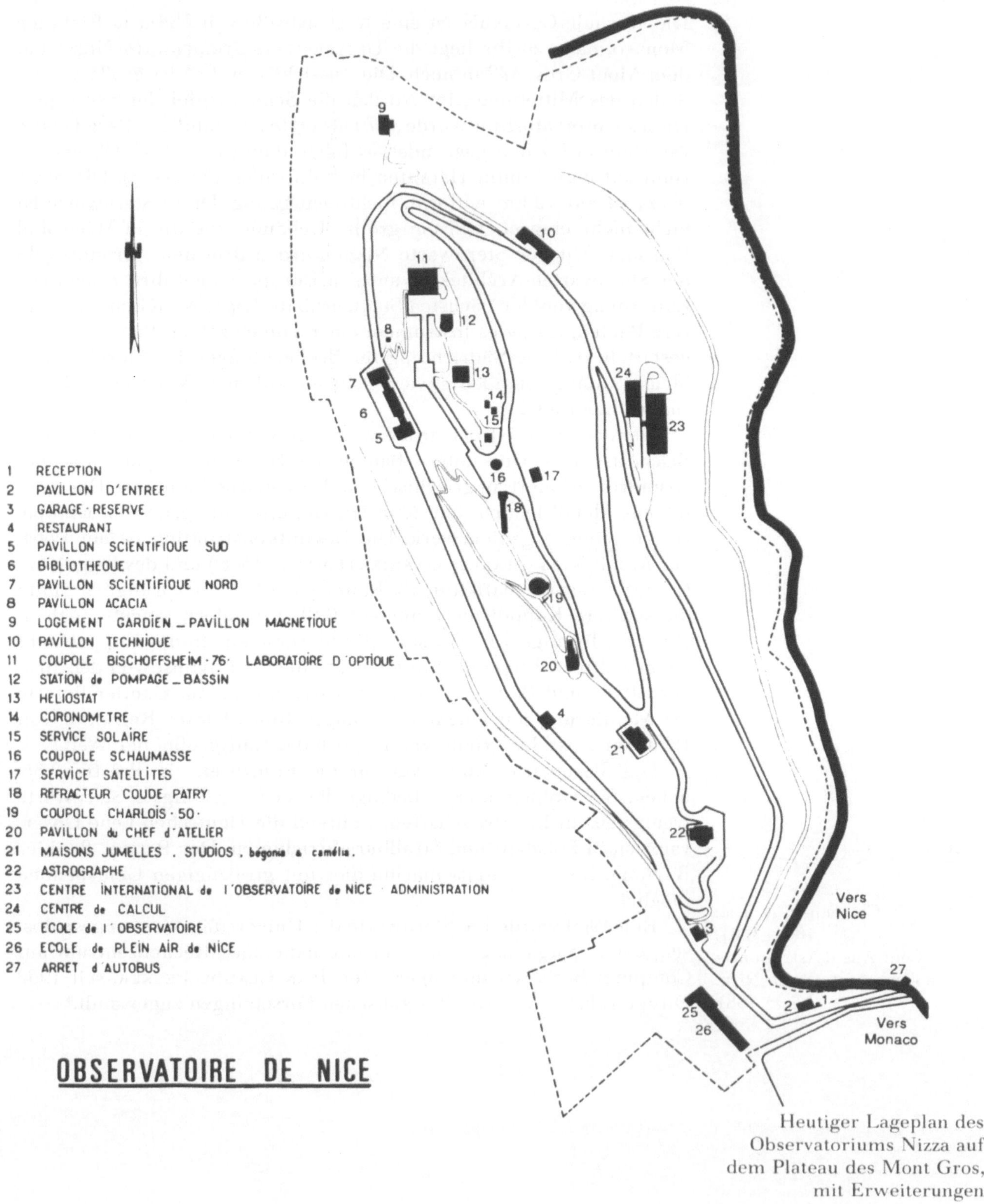

Heutiger Lageplan des Observatoriums Nizza auf dem Plateau des Mont Gros, mit Erweiterungen

Gesamtansicht von Nordwesten, zeitgenössische Zeichnung, rechts im Hintergrund das Mittelmeer

MAGNETIC PAVILION.
GREAT EQUATORIAL.
MERIDIAN CIRCLE.
PORTABLE TRANSIT.
BACHELORS' QUARTERS.
LIBRARY.
LABORATORY.
DIRECTOR'S DWELLING.
38^{CM} EQUATORIAL.
PORTER'S LODGE.

Der große Kuppelbau von
Süden, im Hintergrund
rechts die Französischen
Seealpen

Grundriß des
großen Kuppelbaues,
im Plan Nr. 11

Der 76 cm-Refraktor
in der
»Coupole Bischoffsheim«
der Universitäts-
Sternwarte Nizza
(links)

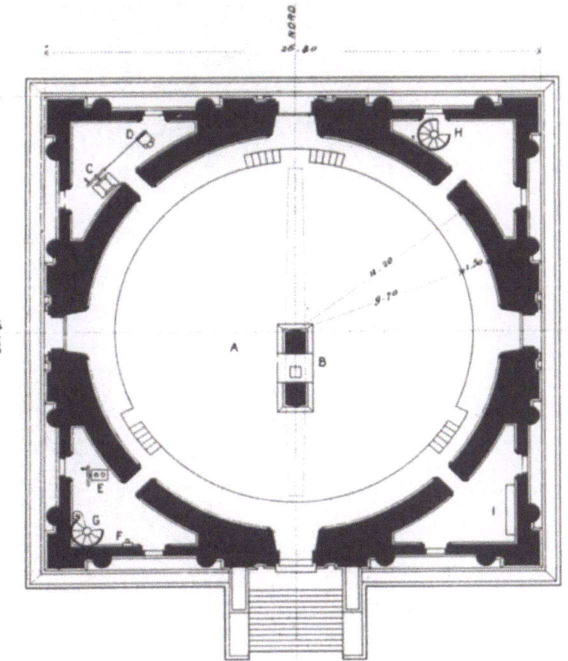

Der kleinere Kuppelbau
genannt »Coupole Charlois«,
im Plan Nr. 19

Die erste Sternwarte von Brüssel wurde 1826 auf einem Turm der Stadtbefestigung (Porte de Schaerbeek) eingerichtet. Sie erhielt einen 38 cm-Refraktor. Der Direktor JEAN-CHARLES HOUZEAU leitete dann ab 1883 die Planung eines neuen, zeitgemäßen Instituts in einem südlichen Vorort. Das Hauptgebäude der KÖNIGLICHEN STERNWARTE von Belgien in BRÜSSEL-UCCLE (Architekt OCTAVE VAN RYSSELBERGHE) hat wie das in Pulkowo einen U-förmigen Hof nach Norden, die Bauteile oder Pavillons sind durch gedeckte Gänge verbunden. Der Meridiansaal und ein Uhrenkeller wurden als Südostflügel angefügt. Das kreisförmige Grundstück der Sternwarte war groß genug für später hinzugefügte Kuppelbauten. Die größten Instrumente waren ein Doppel-Astrograph (mit zwei 40 cm-Linsen) und ein Reflektor mit einem Meter Öffnung von Zeiss/Jena, der im letzten Kriege leider verloren ging und durch einen 1,2 m-Reflektor ersetzt wurde. Vielseitige wissenschaftliche Beobachtungen werden auch außerhalb (Jungfraujoch, La Silla) gemacht und hier in Uccle ausgewertet. Neben der Sternwarte bestehen Institute für Wetterkunde und Aeronomie.

Observatorium Brüssel, Luftaufnahme

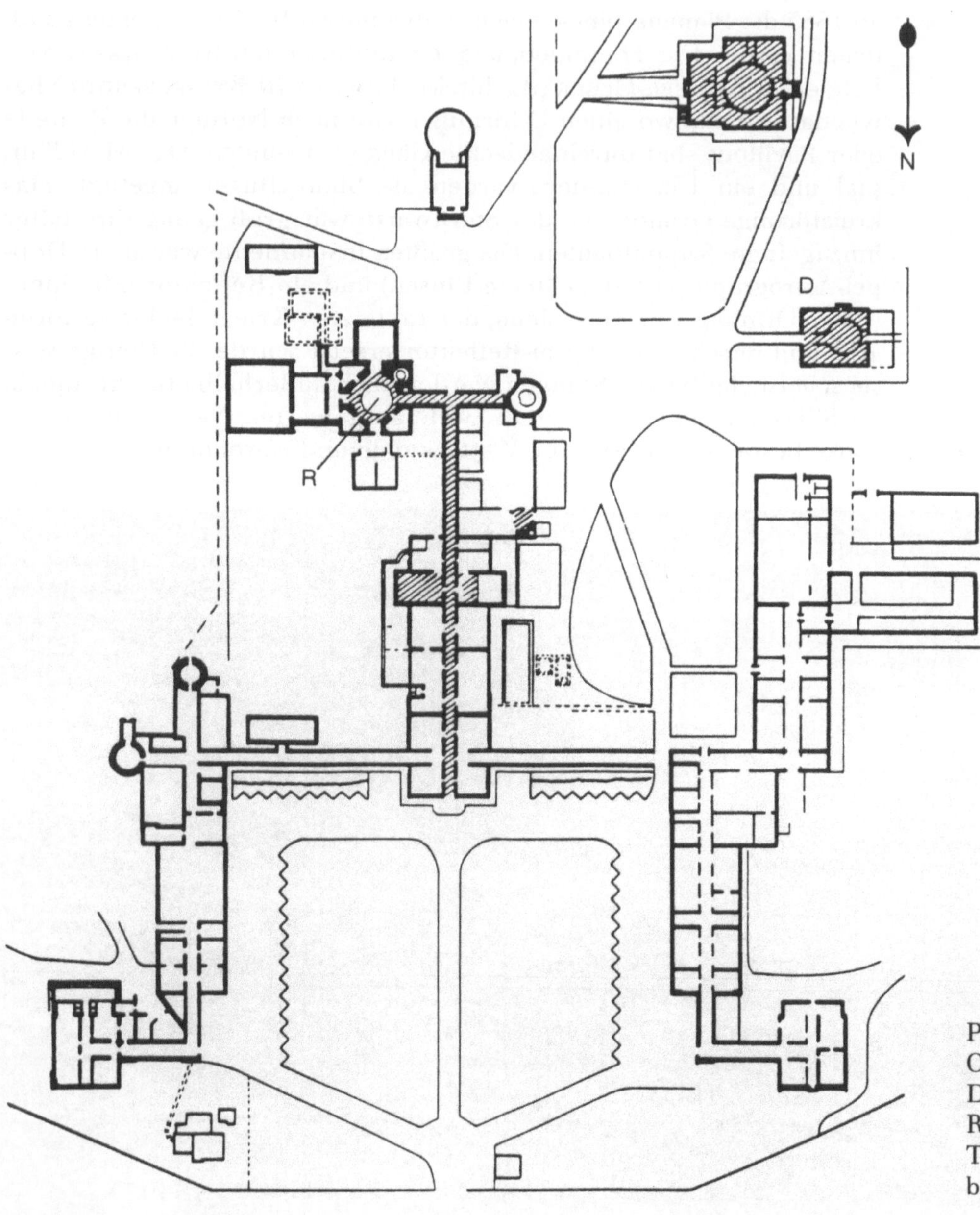

Plan des heutigen
Observatoriums Brüssel:
D = Doppel-Astrograph,
R = 45 cm-Refraktor,
T = 1,2 m-Reflektor
bzw. Schmidt-Teleskop

Das Hauptgebäude von Süden, rechts anschließend das Meridianzimmer, davor der ehemalige Uhrenkeller. In der Kuppel steht der 45 cm-Refraktor. Vorne rechts Gebäude für Passage-Instrument

Der Kuppelbau in der südlichen Verlängerung der Nord-Süd-Achse des Hauptgebäudes. Das Fernrohr darin diente dem Programm »Carte du Ciel«

Die frühere Königliche Sternwarte von Edinburgh auf dem Calton Hill war mehr ein Architekturdenkmal als ein brauchbares Gebäude für praktische Beobachtungen. Seit etwa 1870 war sie von Schließung bedroht. Dann aber bot JAMES L. LINDSAY, EARL OF CRAWFORD, seine eigenen Instrumente und astronomischen Bücher als Geschenk unter der Bedingung an, daß die Regierung ein neues Observatorium für Schottland baute. Für die neue KÖNIGLICHE STERNWARTE EDINBURGH wurde ein Standort südlich der Stadt ausgesucht, der Blackford Hill, und 1892 begannen die Bauarbeiten. Meridianbau und Wohnhäuser wurden abgetrennt. Der Architekt W. WYBROW ROBERTSON entwarf das Hauptgebäude in Form eines T, aber asymmetrisch: der Ostturm ist größer und enthält das größte Instrument, einen 91 cm-Reflektor von Grubb (ursprünglich war es ein 38 cm-Refraktor). Die beiden Turmaufsätze, auch von der Fa. Grubb hergestellt, sind keine halbkugelförmigen Kuppeln, sondern drehbare Zylinder. Sie bestehen aus Kupfer und fügen sich gut in den Baustil ein – italienische Neurenaissance.*

In neuerer Zeit wurden an der Westseite moderne Erweiterungen für Büros, Labors, Werkstätten usw. angefügt und 1981 ein Ausstellungsraum für Besucher eröffnet. Die heutige Königliche Sternwarte Edinburgh ist ein Institut des »Science and Engineering Research Council« und gehört zu den wichtigsten Sternwarten der Welt.

Weil es in Schottland so regnerisch und neblig ist, benutzte man bis 1978 eine Außenstation auf dem Monte Porzio bei Rom. Die Königliche Sternwarte ist verantwortlich für den Betrieb des Britischen Schmidt-Spiegels (1,2 m Durchmesser) bei Coonabarabran in Neusüdwales in Australien, noch wichtiger ist die Mitarbeit in einem internationalen Zentrum: dem MAUNA KEA-OBSERVATORIUM auf Hawaii. Der Mauna Kea ist ein ruhender Vulkan auf der Insel Hawaii, sein Gipfel ist 4205 m hoch. An diesem wolkenarmen Ort ist seit etwa 1965 das zweithöchste Observatorium der Welt entstanden. Insgesamt vier Reflektoren mit 2,2 bis 3,8 m Öffnung wurden um den Gipfel herum installiert. Der größte ist das Britische Infrarot-Teleskop mit 3,8 m Spiegeldurchmesser. Es wird seit 1979 von der Sternwarte Edinburgh betrieben und hauptsächlich für Beobachtungen im infraroten Bereich des Spektrums eingesetzt.

* Brück, Hermann A.:
The Royal Observatory
Edinburgh 1822–1972.
Edinburgh 1972

Das Observatorium
mit letzten Erweiterungen
von 1980,
Luftaufnahme von Südosten

Die Stirnseite des Südtraktes
mit dem großen Fenster
(Bibliothek)

Das Königliche
Observatorium Edinburgh,
Toreinfahrt und Ostturm
des Hauptgebäudes

Die Heidelberger Bergbahn verkehrt zum Schloß und weiter hinauf zum Königstuhl. Nahe der Bergstation befindet sich die LANDES- STERNWARTE HEIDELBERG-KÖNIGSTUHL, 564 m hoch und von Wäldern umgeben. Heidelberg im tiefen Tal des Neckars ist von hier aus kaum sichtbar, aber der Nachthimmel wird von der Stadt doch erhellt.

Nach den Kurfürstlichen Sternwarten in Schwetzingen und Mannheim (1772–74) und einem Provisorium in Karlsruhe wurde eine neue »Großherzogliche bzw. Badische Sternwarte« ab 1896 auf dem Königstuhl errichtet. Der bedeutende Heidelberger Astronom MAX WOLF, der eine kleine Privat-Sternwarte in der Stadt hatte, besichtigte mehrere Observatorien in den USA und ließ nach dem Vorbild des Lick-Observatoriums in Kalifornien (vollendet 1888) ebenfalls eine Berg-Sternwarte in der Nähe seiner Heimatstadt errichten. Sie war die erste dieser Art in Deutschland. 1907 wurde die obere Teilstrecke der Bergbahn bis zum Königstuhl fertiggestellt.

Ursprünglich war die Heidelberger Sternwarte in ein Westinstitut für Astrophysik (Direktor MAX WOLF) und ein Ostinstitut für Astro- metrie (Direktor WILHELM VALENTINER) aufgeteilt. Der Architekt war JOSEF DURM. Der sog. Bruce-Refraktor, ein Astrograph mit zwei gleichen Fernrohren für photographische Aufnahmen (Linsendurch- messer 40 cm bei 2 m Brennweite), steht seit 1900 in der zum Haupt- gebäude (Westinstitut) gehörenden Kuppel. MAX WOLF war mit Him- melsphotographien sehr erfolgreich, 1909 entdeckte er den ankom- menden Halley'schen Kometen mit dem Waltz-Reflektor, der eine Öffnung von 72 cm hat und das erste größere, in den Zeiss-Werken in Jena hergestellte Spiegelteleskop war.*

Herr Prof. Dr. HANS ELSÄSSER und andere Heidelberger Astrono- men sind Herausgeber bzw. Redakteure der Zeitschrift »Sterne und Weltraum«. 1969 wurde das MAX-PLANCK-INSTITUT FÜR ASTRONOMIE HEIDELBERG gegründet und unmittelbar südlich der Landesstern- warte angelegt. Seit 1973 wurde ein Deutsch-Spanisches Astronomi- sches Zentrum auf dem CALAR ALTO, einem 2168 m hohen Berg in Südost-Spanien, aufgebaut. Als vierter Reflektor dort wurde 1985 ein Superfernrohr von Zeiss in Oberkochen vollendet, mit seinem 3,5 m- Spiegel der größte Reflektor in Europa.

Zu den Heidelberger astronomischen Instituten gehören noch das Rechen-Institut, das Max-Planck-Institut für Kernphysik (einschließ- lich Kosmophysik) sowie das Institut für Theoretische Astrophysik der Universität im Neuenheimer Feld.

* Kopff, August: 50 Jahre Königstuhl-Sternwarte. Aus Leben und Forschung der Universität 1947/48. Berlin-Heidelberg 1950

Landessternwarte
Heidelberg,
rechts Kuppelbau für den
75 cm-Spiegel, links dahinter
Hauptgebäude mit Kuppel
für Bruce-Refraktor

Links Kuppelbau
für 20 cm-Refraktor,
rechts dahinter Ostinstitut
mit Kuppel für
50 cm-Reflektor

Luftaufnahme der beiden
Institute auf dem Königstuhl,
oben Landessternwarte,
unten Max-Planck-Institut
für Astronomie
(unten rechts)

Erklärungen zum Plan:
B = Bruce-Refraktor;
D = einst Direktor-
    Wohnhaus,
    heute Nordinstitut;
E = Einfahrt;
H = Hauptgebäude,
    (Westinstitut);
L = Happel-Labor;
M = früher Meridianbau,
    heute Hörsaal;
O = Kuppel des Ostinstituts;
W = Wohnhäuser;
Z_1 = Waltz-Reflektor
    von Zeiss, 72 cm;
Z_2 = Altazimut-Reflektor
    von Zeiss, 75 cm

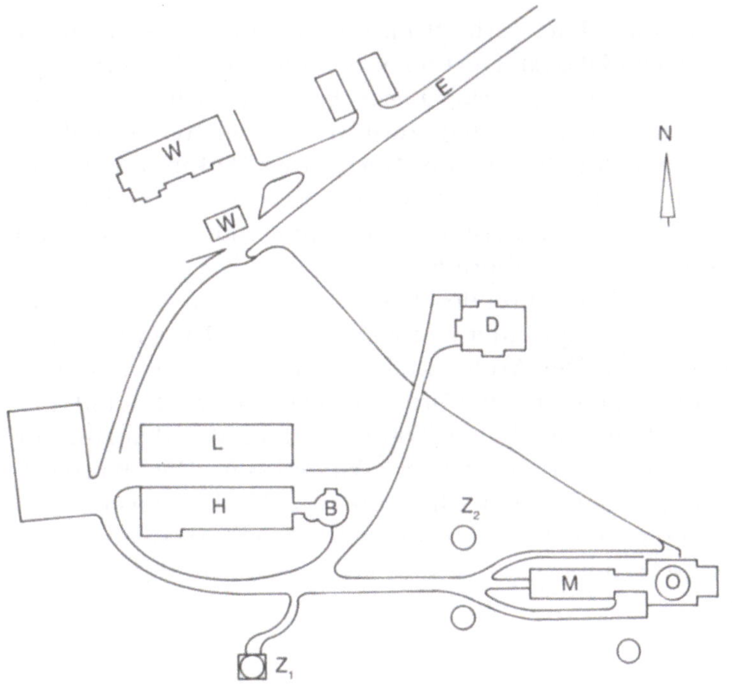

Nordwestlich von Barcelona verläuft eine Bergkette, deren höchster
Gipfel der Monte Tibidabo ist. Dort oben befindet sich eine auffällige
Kirche und ein Vergnügungspark. Dieser Berg ist auch wegen der
prachtvollen Aussicht über die Stadt zum Mittelmeer hin ein belieb-
tes Ausflugsziel. Südlich unterhalb des Berggipfels (414 m hoch) steht
das OBSERVATORIUM FABRA BARCELONA, günstig nahe der vorbeifüh-
renden Zahnradbahn, der kürzesten Verbindung von der Stadt zum
Monte Tibidabo (vgl. Heidelberg-Königstuhl). Das Observatorium
Fabra wurde 1902 als Institution der Königlichen Akademie der Künste und Wissenschaften gegründet und von D. CAMILO FABRA PUIG mit
Geldmitteln unterstützt. Der Architekt JOSÉ DOMÉNECH Y ESTAPÁ entwarf einen dreiteiligen Bau: im Osten ein achteckiger Bauteil mit
Kuppel, in der Mitte ein länglicher Trakt mit dem Meridianzimmer
und im Westen ein Turm mit einem Windmesser. Das Bauwerk
gehört dem Jugendstil an, an der Eingangsvorhalle im Südosten sind
griechische und ägyptische Motive verarbeitet. Die Sternwarte wurde
für astronomische, meteoroligische und seismologische Beobachtungen eingerichtet.

Die Säulenvorhalle
mit dem Haupteingang

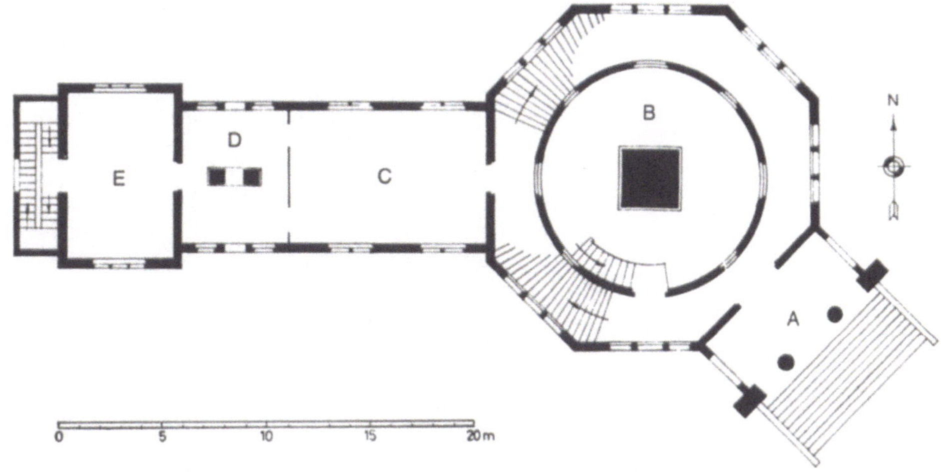

Blick vom Westturm auf die
Kuppel und über Barcelona
hinweg zum Meer

Grundriß:
A = Vorhalle,
B = Pfeiler für das
        Hauptinstrument,
C = Sitzungssaal
        der Akademie,
D = Meridianzimmer,
E = Bibliothek

Das Observatorium auf dem Pic du Midi im mittleren Teil der Pyrenäen (Département Hautes Pyrénées) liegt 2865 m hoch etwas unterhalb des Gipfels. Es war noch fortschrittlicher angelegt als das auf dem Mont Gros bei Nizza, das ein Jahr später (1879) gegründet wurde. Der französische Astronom Jules Janssen hatte versuchsweise in den Alpen beobachtet – im Gebiet des Mont Blanc – und damit die Vorteile von Beobachtungen in der reineren Atmosphäre des Hochgebirges bewiesen. Ab 1878 wurde auf dem Pic du Midi mit großen Anstrengungen der erste Steinbau errichtet, Gründer und Pionier war General Charles de Nansouty. Es wurde in den Bereichen Meteorologie, Astronomie, Seismologie und Botanik geforscht.

Aus diesen Anfängen entwickelte sich das erste bleibende europäische Observatorium im Hochgebirge, gefördert durch den Anschluß an die Universität Toulouse 1903. Erster hauptberuflicher Astronom war Benjamin Baillaud, der bis 1907 einen Doppelrefraktor (Linsendurchmesser 60 und 38 cm) von der Firma Gautier in Paris erwarb und dafür die erste Kuppel aufstellen ließ. In neuerer Zeit wurde dieses Observatorium beträchtlich erweitert und gewann an Bedeutung, während viele Sternwarten im Tiefland ihre Aktivitäten wegen der dichten und verunreinigten Atmosphäre einschränken mußten. 1952 wurde das Transportproblem durch die Konstruktion einer Luftseilbahn gelöst, die von La Mongie her
aufführt. Sie ist auch im Winter in Betrieb, außer bei Sturm. Die Verwaltung ist in dem Badeort Bagnères-de-Bigorre untergebracht.*

Auf dem Pic du Midi wurden noch ein 106 cm-Reflektor, ein Koronograph und schließlich ein Spiegelfernrohr aufgestellt, das mit zwei Metern Öffnung zu den größten in Europa gehört. Wegen Wind und Wetter in dieser Höhe ist der 2 m-Reflektor ummantelt und mit einer kreisförmigen Öffnung in der Kuppelschale direkt verbunden. Dadurch wurde der sonst übliche Kuppelspalt vermieden.

* Rösch, Jean:
L'Observatoire
du Pic du Midi.
Bagnères-de-Bigorre
1963

Blick der Südterrasse
des Observatoriums
entlang auf die Endstation
der Seilbahn

Der Kuppelbau, der den
südwestlichen Eckpfeiler
des Observatoriums bildet,
am Horizont ist das Meer
bei Biarritz zu sehen

Die östliche Hälfte des
Plateaus, von Nordwesten
gesehen, ganz rechts
das älteste Gebäude

Luftaufnahme des heutigen
Pic du Midi-Observatoriums
von Südosten,
links der Kuppelbau
für den 2 m-Reflektor.
In der Mitte des
Gebäudekomplexes vorne
ist die Bergstation
der Seilbahn sichtbar

Die Sternwarte im höchsten Turm des Klementinums in Prag (1721–23) war lange die Haupt-Sternwarte in Böhmen, aber während des 19. Jahrhunderts wurde sie immer mehr unbefriedigend und veraltet. Die Errichtung einer tschechischen, unabhängigen Sternwarte war im Österreichischen Kaiserreich, also bis 1918, doch behindert. Erst die idealistisch gesinnten Brüder JOSEF und JAN FRIČ fühlten sich berufen, ein modernes Observatorium durch eigene Initiative zu schaffen. Der ältere JOSEF FRIČ widmete sein Leben mit Hingabe den Naturwissenschaften und kaufte 1898 ein Grundstück auf einem 528 m hohen Hügel bei der böhmischen Kleinstadt Ondřejov. Das bedeutete die Gründung des OBSERVATORIUMS ONDŘEJOV. Seine Lage 40 km südöstlich von Prag war günstig und blieb es einigermaßen bis in die Gegenwart. Ab 1905 wurden eine Villa mit Jugendstil-Dekoration und zwei Beobachtungstürme aus Ziegeln gebaut, der größere Turm erhielt einen wertvollen 20 cm-Refraktor von Clark. Die Sternwarte wurde aufgeteilt in mehrere Bauten ohne eine genaue Nord-Süd-Orientierung, die nicht mehr nötig war. Der ausführende Architekt war JOSEF FANTA, dessen Hauptwerk der Prager Hauptbahnhof ist.

Als FRIČ seinen privaten Besitz 1928 der Nation als Schenkung übertrug, wurde daraus sozusagen das National-Observatorium der selbständigen Tschechoslowakei. Es wurde vergrößert und ist heute ein Institut der Tschechoslowakischen Akademie der Wissenschaften.* Neue Anschaffungen waren ein Helio-Spektrograph und, herausragend, ein universal verwendbarer Reflektor von Zeiss (Jena) mit einem 2 Meter-Spiegel. Dieses 1967 eingeweihte Teleskop entspricht in den Maßen dem 7 Jahre älteren von Tautenburg bei Jena. Beide Zeiss-Reflektoren sind die größten in Mitteleuropa. Der in Ondřejov kann auf drei Arten benutzt werden: mit Hilfe der Primär-Brennweite, nach dem Cassegrain- oder dem Coudé-System.

Da die Umrüstung umständlich ist, wird der 2m-Reflektor hauptsächlich nach dem Coudé-System benutzt. Dabei ergibt sich eine besonders lange Brennweite, die Strahlen werden durch die zum Himmelsnordpol weisende Drehachse gelenkt. Im Keller unter dem Teleskop ist ein Spektrograph angebracht: hier wird das Spektrum eines bestimmten Fixsterns mit Hilfe einer photographischen Platte, in neuerer Zeit durch einen elektronischen Detektor, untersucht.

* Bumba, Václav u.a.: Observatoř Astronomického ústavu ČSAV Ondřejov. Orbis Prag 1964

Der größere
Beobachtungsturm
aus der Anfangszeit,
rechts dahinter
die Villa von Josef Frič

Der große Kuppelbau
für das 2 m-Spiegel-Teleskop

Dieselbe Kuppel
geöffnet in der Dämmerung

Die erste Hamburger Sternwarte war 1825 in Verbindung mit einer Seefahrtsschule eingerichtet worden, ähnlich wie in Greenwich. Sie befand sich beim Millerntor, wo heute das Museum für Hamburgische Geschichte steht, 1833 wurde sie von der Hamburger Bürgerschaft zu einem staatlichen Institut erklärt. In den Jahren 1906–12 wurde ein neues Observatorium 20 km östlich des Stadtzentrums am Rande des Vororts Bergedorf gebaut. Die STERNWARTE HAMBURG-BERGEDORF arbeitete mit der Universität seit deren Gründung 1919 zusammen, erst 1968 wurde sie ein Universitäts-Institut. Diese zweite Hamburger Sternwarte ist in einzelne Bauten für je ein Instrument aufgeteilt (vgl. Nizza). Dem Verwaltungsgebäude am nächsten steht der Kuppelbau für den großen Refraktor, im neubarocken Stil von dem Ingenieur ALBERT ERBE entworfen. In der Zeit nach 1900 waren Linsen- und Spiegelfernrohre noch gleich verbreitet, also wurden ein großer Refraktor (60 cm : 9 m) und ein großer Zeiss-Reflektor (1 m : 3 m) angeschafft. Die Montierungen des Refraktors und des Meridiankreises stammen von der Hamburger Firma JOHANN G. REPSOLD.

1931 erfand der Optiker BERNHARD SCHMIDT hier in Bergedorf einen neuen Fernrohrtyp: den nach ihm benannten Schmidt-Spiegel, auch Schmidt-Kamera genannt, die Kombination eines sphärisch geschliffenen Spiegels mit einer Korrektionsplatte aus Glas, die wie eine Objektivlinse angebracht ist. Solch ein Fernrohr ist für »komafreie« Photographien größerer Himmelsausschnitte vorgesehen und heute weltweit in Gebrauch (z.B. Mount Palomar, Tautenburg bei Jena). Die erste Konstruktion von B. Schmidt war von bescheidener Größe. 1955 konnte ein wesentlich größerer Schmidt-Spiegel, geliefert von Zeiss/Jena, eingeweiht werden (Platte 80 cm, Spiegel 120 cm Durchmesser), der aber um 1975 nach dem neuen Deutsch-Spanischen Astronomischen Zentrum auf dem Calar Alto in Andalusien verlagert wurde.

Vom großen Schmidt-Spiegel blieb die Gabelmontierung übrig, da sie für die geographische Breite von Bergedorf konstruiert war. Diese Montierung wurde für den sog. Lühning-Reflektor (benannt nach dessen Stifter) wiederverwendet. Sein Spiegel hat ebenfalls 1,2 m Durchmesser und war damit der größte in der Bundesrepublik. Er ist nach dem Ritchey-Chrétien-System vielseitig verwendbar, ein Spektrograph kann angeschlossen werden. Der noch benutzbare 60 cm-Refraktor war ebenfalls der größte in der BRD. Der frühere Lippert-Astrograph, der eine außergewöhnliche Knicksäule hat, wurde zu einem Reflektor umgebaut.*

* Weigert, Alfred u. a.:
150 Jahre
Hamburger Sternwarte.
Hamburg 1983

Luftaufnahme der
Hamburger Sternwarte,
im Vordergrund das
Verwaltungsgebäude,
rechts die Kuppel
für den großen Refraktor,
rechts im Hintergrund
die Kuppel für den
1,2 m-Reflektor

Der Meridianbau
mit Portalvorbau
und Tonnendach
von Südosten

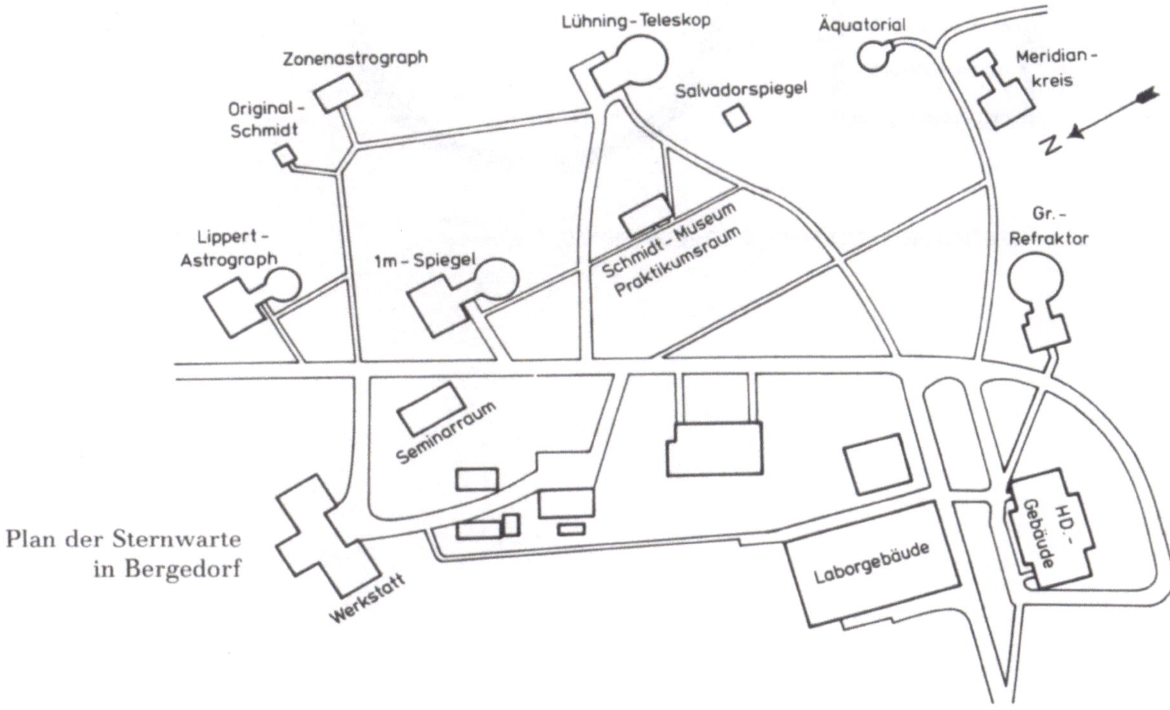

Plan der Sternwarte
in Bergedorf

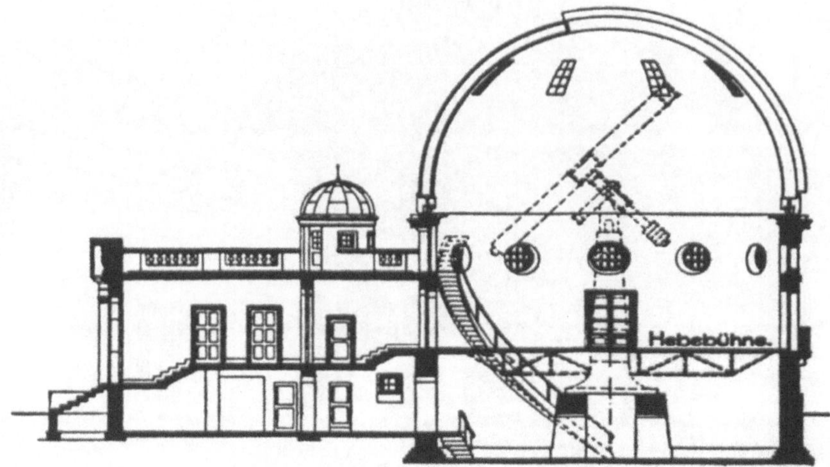

Der Kuppelbau
für den großen Refraktor,
Längsschnitt von West
nach Ost

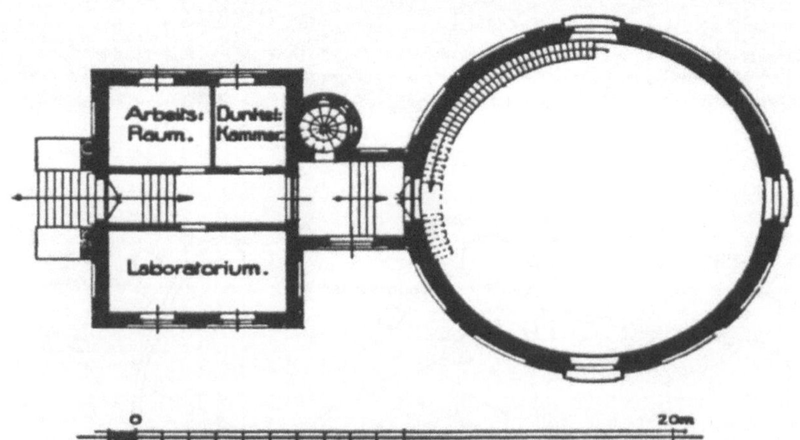

Grundriß

Der Kuppelbau
für den großen Refraktor

Der große Refraktor von
Repsold in waagrechter
Stellung, die Hebebühne ist
auf dem höchsten Stand

Die STERNWARTE BABELSBERG, ursprünglich ein Institut der Humboldt-Universität in Berlin, war die Nachfolgerin von zwei älteren Berliner Sternwarten: Die erste wurde 1700 gegründet (siehe Akademie-Sternwarte Berlin 1700–11), die zweite von Schinkel erbaut (siehe Königliche Sternwarte Berlin 1832–35). Als diese um 1900 zu klein geworden und von der beträchtlich gewachsenen Stadt völlig eingeschlossen war, suchte man einen neuen Standort am Rande der damaligen Reichshauptstadt. Man wählte ein Grundstück, das im Westen an den Park von Schloß Babelsberg und im Norden an den Griebnitzsee grenzt. Das langgestreckte Hauptgebäude wurde 1911–13 von Oberbaurat GEORG THÜR erbaut. Sein damals üblicher neubarocker Baustil war angeblich von einem berühmten Vorbild in Potsdam beeinflußt: von Schloß Sanssouci (1745–48). Die Hauptkuppel der Sternwarte erinnert mit manchen Details (z.B. Ovalfenster) an die im Grundriß elliptische Kuppel dieses Schlosses. Das Hauptgebäude trägt drei Kuppeln, was zu Beginn des 20. Jahrhunderts nicht mehr üblich war.

Der erste Direktor war HERMANN STRUVE,* der aus einer Dynastie bedeutender deutscher Astronomen stammte (vgl. Pulkowo). Die Ausrüstung war hervorragend: ein 65 cm-Refraktor in der Hauptkuppel und ein 125 cm-Reflektor, beide von Zeiss. Der Spiegel erforderte einen zusätzlichen Kuppelbau im Park, wurde aber nach Kriegsende 1945 demontiert. Babelsberg lag als Teil der Stadt Potsdam auf dem Gebiet der DDR. Die Grenze zu West-Berlin verlief ganz nahe, nämlich dem Griebnitzsee entlang. Gegenwärtig ist die Babelsberger Sternwarte Sitz des Zentralinstituts für Astrophysik.

* Struve, Hermann:
Die neue Berliner
Sternwarte in Babelsberg.
Veröffentlichungen
der Universitätssternwarte
3, 1919

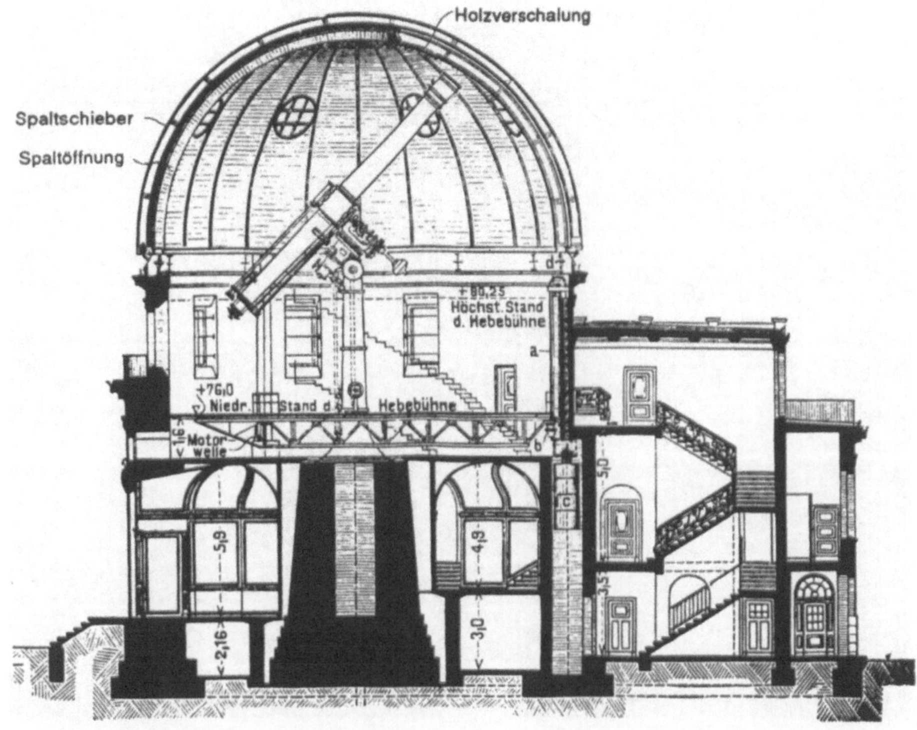

Längsschnitt
durch die Hauptkuppel
von Süd nach Nord

Heutige Ansicht
des Hauptgebäudes,
Südseite

Grundriß

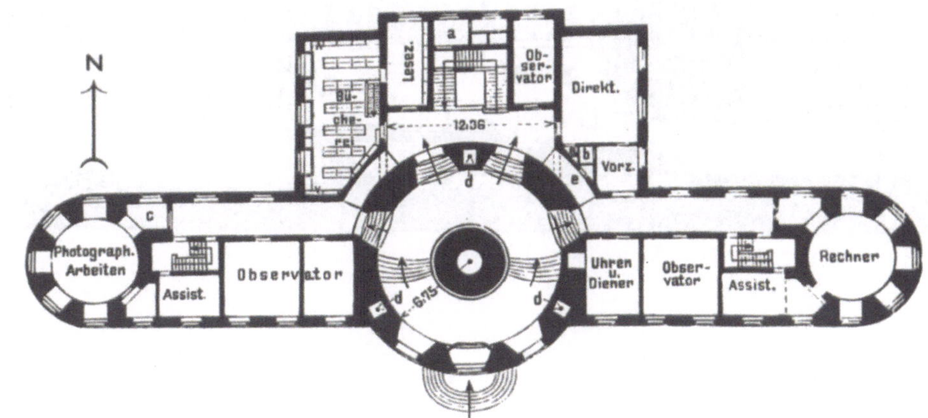

Die erste Sternwarte von Buda bestand im Turm des barocken Königlichen Schlosses auf dem Burgberg. Berater an dieser Turm-Sternwarte von etwa 1780 war der Ungar Maximilian Hell, damals Direktor der Wiener Jesuiten-Sternwarte. Um 1815 folgte eine weitere im klassizistischen Baustil auf dem Gellért-Berg hoch über der Stadt, also ein frühes Berg-Observatorium, das zwei kleine, drehbare Kuppeln hatte. Beide Sternwarten wurden zerstört.

Der Begründer der modernen ungarischen Astronomie war MIKLÓS KONKOLY-THEGE, der sich eine private Sternwarte in Ogyalla einrichtete, das nach dem 1. Weltkrieg an die Slowakei fiel, während Ungarn selbständig wurde. 1920 wurde dann das nationale KONKOLY-OBSERVATORIUM BUDAPEST gegründet, das Instrumente des verstorbenen Konkoly übernahm. Es wurde wieder auf einem Berg angelegt, heute Szabadság-hegy genannt, westlich außerhalb von Budapest. Der Architekt GYULA SVÁB baute das Verwaltungsgebäude und den großen Kuppelbau, in dem ein Doppelfernrohr von Zeiss/Jena steht: auf einer Knicksäule ein Refraktor und ein Reflektor vom Cassegrain-Typ, der bevorzugt für photometrische Arbeiten verwendet wird.* Auch das Konkoly-Observatorium ist mit Hilfe einer Zahnradbahn leicht zu erreichen.

Die ungarischen Astronomen verfügen über eine moderne Außenstation im Matras-Gebirge nördlich von Budapest. Dort stehen beachtliche Fernrohre, als größtes ein 1 m-Reflektor.

* Szeidl, Béla:
Konkoly Observatory
of the Hungarian
Academy of Sciences.
Budapest 1981

Der große Kuppelbau des
Konkoly-Observatoriums
bei Budapest

Historische Ansicht des
Königlichen Schlosses von
Buda mit dem ehemaligen
Sternwartenturm in der
Mitte. Kupferstich um 1780
(links)

Castel Gandolfo liegt erhaben auf dem westlichen »Kraterrand« hoch über dem Albanersee, der vulkanischen Ursprungs ist. Hier, rund 25 km südöstlich von Rom, wurde im Auftrag von Papst URBAN VIII. 1624–28 der Sommerpalast der Päpste von CARLO MADERNA errichtet, also von dem Baumeister, der 1626 den St. Petersdom vollendet hatte. Der Sommerpalast hat einen quadratischen Innenhof und mehrere Anbauten.

Im Jahre 1932, zur Zeit von Papst PIUS XI., war es sinnvoll, die VATIKANISCHE STERNWARTE nach CASTEL GANDOLFO zu verlegen. Dem Flachdach des Sommerpalastes wurden zwei Kuppeln aufgesetzt, die eine achsial über der Wendeltreppe des Nordtraktes, die andere über der Nordostecke. Die Firma Zeiss/Jena lieferte Kuppeln und Fernrohre: einen langen Refraktor und einen Astrographen, der aus einem Refraktor und einem Reflektor zusammengesetzt ist. Direktor der Specola Vaticana war damals der holländische Jesuitenpater JOHAN W. STEIN. Seit etwa 1580 waren Angehörige von mehreren katholischen Orden im Dienste der Päpste als Astronomen in Rom tätig; hier in Castel Gandolfo waren und sind Jesuiten am Werk.*

Zur Päpstlichen Residenz gehört am Rande des Ortes die Villa Barberini mit ihrem prächtigen Park. Hier befinden sich stattliche Ruinen aus der Zeit von Kaiser Domitian (81–96). Über einer altrömischen Mauer wurde seit 1942 ein Neubau mit zwei Kuppeln errichtet, in der einen steht ein beachtlicher Schmidt-Spiegel mit 1 m Durchmesser.

Die Beobachtungsbedingungen in Castel Gandolfo sind aber nicht mehr günstig, daher bemühten sich die Vatikanischen Astronomen seit 1981, weit entfernt bei Tucson in Arizona eine eigene Beobachtungsstation aufzubauen. Durch Zusammenarbeit mit der Universität von Arizona wurde schließlich ein Reflektor mit zwei Metern Öffnung ermöglicht. So wirkte es sich günstig aus, daß der jetzige Direktor der Specola Vaticana, Pater George V. Coyne, aus den Vereinigten Staaten kam.

* Maffeo S. J., Sabino:
In the Service of nine Popes.
100 Years of the Vatican
Observatory – Vatican City
1991

Blick vom Hauptportal des
Päpstlichen Sommerpalastes
auf die mittlere Kuppel der
»Specola Vaticana«

Der neue Kuppelbau der
»Specola Vaticana« im Park
der Villa Barberini

Der Päpstliche Sommer-
palast in Castel Gandolfo
oberhalb des Albanersees,
Luftaufnahme
in Richtung Südosten

Eine berühmte Sehenswürdigkeit im Berner Oberland ist die »Jungfraubahn«, die Zahnradbahn mit der höchstgelegenen Bergstation in Europa (3454 m). Dieses bewundernswerte Werk der Technik wurde 1912 vollendet und ist ein bequemes Transportmittel zum »Jungfraujoch«, einem Bergsattel unterhalb der Bergriesen Eiger, Mönch und Jungfrau und oberhalb einer vergletscherten Talmulde. Nahe der Bergstation befindet sich ein Hochalpines Forschungsinstitut, das von Anfang an mitgeplant war. Außerdem nutzte man die Zahnradbahn bis 1937 für die Errichtung eines astronomischen und meteorologischen Observatoriums: Das SPHINX-OBSERVATORIUM am Jungfraujoch wurde auf den Sphinx genannten, 3573 m hohen Gipfel gesetzt, anscheinend unzugänglich. ALEXANDER VON MURALT hat es zusammen mit einer Kommission gegründet. Diese höchstgelegene Sternwarte in Europa bietet einzigartige Beobachtungsbedingungen und ist für internationale Zusammenarbeit angelegt.

1967 wurde ein 76 cm-Reflektor von Grubb und Parsons zusammen mit einer neuen Kuppel aufgestellt, viele Einzelteile wurden dabei mit Hubschrauber befördert. Die Verwaltung in Bern ist auch zuständig für das neue Observatorium auf dem Gornergrat (3150 m) oberhalb von Zermatt.

Die kleine Beobachtungsstation, davor die Aussichtsterrasse für Touristen

Übersicht über die
Anlagen am Jungfraujoch:
12 = Sphinx-Observatorium,
im Hintergrund der
Berg Mönch (4099 m)

Luftaufnahme des
Sphinx-Observatoriums
am Jungfraujoch in
Richtung Südosten,
im Hintergrund der
Aletsch-Gletscher

In unserem Jahrhundert ziehen nordeuropäische Astronomen möglichst nach Süden, um dem wolkenreichen Klima zu entgehen. Die Astronomen des Radcliffe-Observatoriums verließen ihren veralteten Sternwartenturm (1772–78) in Oxford ganz und zogen besonders weit weg, nach Südafrika. Der Bau des neuen RADCLIFFE-OBSERVATORIUMS auf einem Hügel südlich von Pretoria verzögerte sich wegen des 2. Weltkrieges von 1937 bis 1948. Die Aufsicht hatte der Astronom HAROLD KNOX-SHAW. Nicht in einer üblichen Kuppel, sondern in einem ungewöhnlichen, natürlich drehbaren, runden Turm aus Metall wurde ein Spiegelfernrohr von Grubb und Parsons (Newcastle) mit 1,88 m Durchmesser montiert. Der Spiegel wurde gleichzeitig mit dem 5 m-Spiegel für den Mount Palomar hergestellt und ebenfalls in den Corning Glaswerken in New York aus Pyrex-Glas gegossen. Der Reflektor von Pretoria war seit 1948 für etwa 20 Jahre der größte auf der Südhalbkugel.

In neuerer Zeit wurde ein neues astronomisches Zentrum (SAAO) bei Sutherland in der Kap-Provinz geschaffen, wo die besten Instrumente aus ganz Südafrika vereinigt werden sollten. Daher wurde 1974 der 1,88 m-Reflektor verkauft, nach Sutherland transportiert und dort in einem ähnlichen Rundturm wiederaufgestellt.

Aufgenommen
noch bei Pretoria:
der drehbare Rundturm
für den 1,88 m-Reflektor

Die amerikanische Architekturhistorikerin MARIAN C. DONNELLY beschrieb in ihrem Buch (siehe Literaturverzeichnis) als ältestes bekanntes Sternwartengebäude in ganz Amerika, d. h. aus der Zeit seit der Besiedlung durch europäische Einwanderer, das NATIONAL-OBSERVATORIUM in Bogotá in Kolumbien. Es wurde schon (oder erst?) 1803 erbaut. Der Architekt FRAY DOMINGO PETRÉS stammte aus Spanien, und tatsächlich ist dieses Observatorium deutlich von europäischen Vorbildern, von den Sternwartentürmen des 18. Jahrhunderts, beeinflußt. Es besteht aus einem achteckigen Turm im klassizistischen Stil und einem höheren, vierkantigen Treppenturm, der 22 m hoch ist und später eine Kuppel erhielt.*

Heute gehört dieses National-Observatorium in Bogotá zu den Gebäuden des Kolumbianischen Parlaments (Kapitol) am zentral gelegenen Simón-Bolívar-Platz.

* Bateman, Alfredo:
El Observatorio astronómico
de Bogotá.
Monografía historica
1803–1953. Bogotá 1954

Das National-Observatorium
in Bogotá, von Nordosten

Die ersten Sternwarten in den Vereinigten Staaten entstanden als private Gründungen mindestens seit etwa 1800. Die ersten nicht privaten, wissenschaftlichen Sternwarten wurden gleichzeitig um 1843 an drei Orten nahe der Ostküste gebaut: in Georgetown, in Washington, D.C. (erstes US Marine-Observatorium) und in Cambridge, Massachusetts (Harvard College-Observatorium). Georgetown war 1790, als die Hauptstadt gegründet wurde, ein Teil von Washington geworden. Die JESUITEN-STERNWARTE GEORGETOWN, gegründet 1841, gehörte zur katholischen Universität von Georgetown. Der Jesuiten-Astronom JAMES CURLEY entwarf die Pläne für seine Sternwarte offensichtlich selbst. Der verhältnismäßig kleine Ziegelbau besteht aus einem würfelförmigen, zweigeschossigen Mittelteil mit einer Kuppel und zwei kurzen Meridianflügeln. Ein hoher, vollständig isolierter Pfeiler ragt vom Erdboden bis zum Boden der Kuppel hinauf, als Träger für einen Refraktor.

Diese kleine Sternwarte Georgetown stimmte also mit den etwas älteren Sternwarten in Europa grundsätzlich überein (Dunsink-Observatorium Dublin). Erst 1972 wurde sie, weil veraltet, geschlossen.*

* Heyden, Francis J.: The Beginning and End of a Jesuit Observatory (1841–1972). Quezon City (Philippinen) 1986

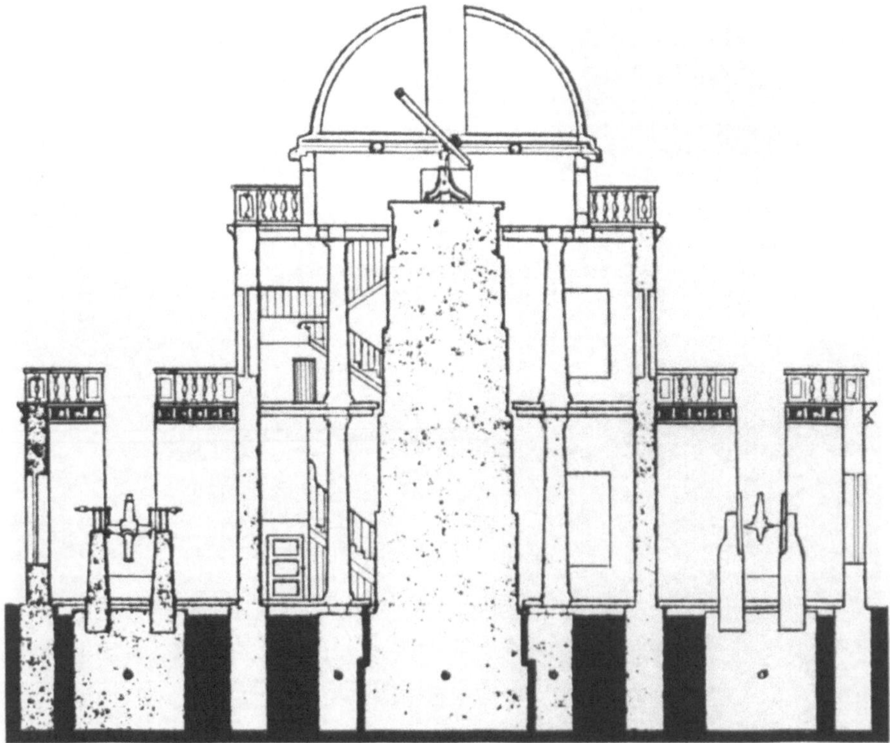

Längsschnitt
von West nach Ost

Die Sternwarte der
Universität Georgetown
von Süden,
die Meridianspalte
sind zugemauert

Rund 80 km südöstlich von San Francisco steht das LICK-OBSERVATO-
RIUM auf dem 1283 m hohen MOUNT HAMILTON in der Einsamkeit. An
klaren Tagen genießt der Besucher die Aussicht zur Pazifik-Küste im
Westen und das herrliche Panorama der Sierra Nevada im Osten.

Der reiche Geschäftsmann JAMES LICK aus San Francisco hatte
sein Vermögen für einen ehrgeizigen Plan eingesetzt: Das erste große
und bleibende Berg-Observatorium Amerikas sollte in Kalifornien
entstehen! Fortschrittliche Astronomen unter der Leitung von
EDWARD S. HOLDEN wollten sich auf einen abgelegenen Berggipfel
zurückziehen, im Vertrauen auf bessere Beobachtungsmöglichkeiten.
Der Hauptorganisator THOMAS E. FRASER schlug den Mount Hamilton
vor, und 1875 begann man mit dem Bau einer Zufahrtsstraße von der
nächsten Stadt San José aus. Lick selbst betrat den Berg nie und starb
schon 1876. Später erhielt er ein Grab im Fundament des großen
Refraktors – ein außergewöhnlicher Fall in der Geschichte der Astronomie.

Vier wesentliche Vorteile hat dieses neue Observatorium: trocke-
nes Klima, weite Entfernung von der nächsten Stadt, erhöhte Lage,
Aufteilung in mehrere Bauten. Das Lick-Observatorium wurde vorwiegend für die Astrophysik geplant, den neuen Zweig der klassischen Astronomie (Astrometrie). Da das Meridianhaus abgetrennt
wurde, war das Hauptgebäude nicht wie bisher üblich von West nach
Ost, sondern zum magnetischen Nordpol ausgerichtet. In der großen
Südkuppel steht der erwähnte Lick-Refraktor, bis zum heutigen Tage
der zweitgrößte der Welt dank seiner 91,5 cm-Objektivlinse von
ALVAN G. CLARK.

Das Hauptgebäude wurde Vorbild für das Yerkes-Observatorium,
das ganze Observatorium jedoch Vorbild für alle modernen, der Forschung gewidmeten Berg-Observatorien. Die Ausrüstung wurde 1959
mit einem 3 m-Reflektor wesentlich verbessert, dieser war damals
auch der zweitgrößte der Welt. Als Institut der Universität von Kalifornien dehnte sich das LICK-OBSERVATORIUM zu einem der größten
der Welt aus. Zwischen den rund 60 Gebäuden verkehren die hier
tätigen Astronomen häufig mit dem Auto. Sogar eine Schule für ihre
Kinder gibt es hier oben, Verwaltung und Bibliothek befinden sich in
Santa Cruz.* Vor wenigen Jahren wurde eine Außenstation auf dem
Junipero Serra Peak in Betrieb genommen.

* Sweeney, Leslie
und Gustafson, John:
Lick Observatory,
University of California.
Santa Cruz 1984

Gesamtansicht
des Lick-Observatoriums von
Osten, im Vordergrund die
große Kuppel für den 3 m-
Spiegel, im Hintergrund das
alte Hauptgebäude

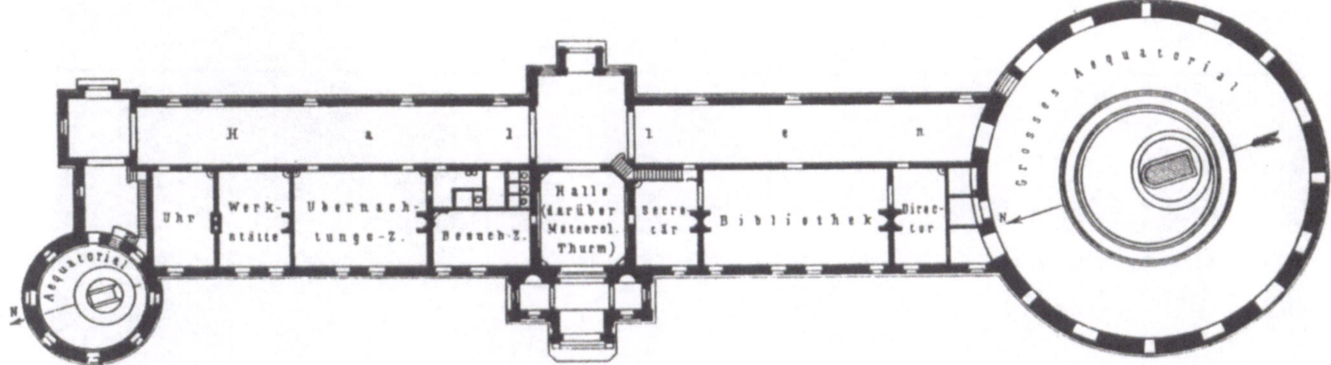

Grundriß des Hauptgebäudes

Das Hauptgebäude
mit seiner großen Kuppel
von Nordwesten

Der 91,5 cm-Refraktor
in der großen Kuppel
des Hauptgebäudes,
im Fundament der
Montierung befindet sich
das Grab von James Lick

Ein astronomisches Ereignis – Durchgang der Venus 1882 – war
Anlaß zur Gründung der UNIVERSITÄTS-STERNWARTE von LA PLATA,
einer Stadt südöstlich von Buenos Aires am Ufer des sehr breiten Rio
de la Plata. Diese Lage ist also ähnlich wie bei den Observatorien von
Greenwich, Hamburg (Seefahrtsschule) und Washington, und die
Sternwarte von La Plata wurde auch hauptsächlich wegen einer
Reorganisation der argentinischen Marine geschaffen. Der französi-
sche Seeoffizier und Astronom FRANCISCO BEUF war der erste Direk-
tor und beschaffte zwei beachtliche Instrumente aus Paris: einen
Refraktor von Gautier (43 cm) und einen Reflektor von den Brüdern
Henry (83 cm).

Stadt und Sternwarte wurden gleichzeitig 1883 gegründet. Die
Sternwarte bekam ein Hauptgebäude auf fast quadratischem Grundriß, mit der Hauptfassade nach Norden und einem Innenhof. Die
zahlreichen Bauten für die Instrumente sind auf dem Grundstück
unregelmäßig verteilt. Der Baustil – von ULRIC COURTOIS – ist ein
eigenartiger Historismus, auch von Frankreich hierher übertragen.

Der Kuppelbau
für den 83 cm-Reflektor

Blick von Norden auf die
Sternwarte von La Plata
(um 1910), rechts das
Verwaltungsgebäude,
links ein Meridianhaus,
dahinter mehrere
Kuppelbauten

Der Kuppelbau
für den 43 cm-Refraktor
von Westen

Mexiko-Stadt liegt im sog. Hochtal von Mexiko rund 2200 m hoch. Dort wurde das NATIONALE ASTRONOMISCHE OBSERVATORIUM 1876 zunächst im Schloß Chapultepec, auf einem Hügel am Rande der Hauptstadt, eingerichtet. Dem mittleren Schloßturm setzte man eine Kuppel auf.

Der erste Direktor ANGEL ANGUIANO hatte europäische Sternwarten besichtigt und konnte selbst Pläne für ein Sternwartengebäude zeichnen, das 1884 in Tacubaya, 8 km westlich von der damaligen Hauptstadt in einer Höhe von rund 2300 m begonnen wurde. Anguianos Sternwarte hatte einen ausgeprägten Kreuz-Grundriß, ähnlich wie die 1880 vollendete Wiener Universitäts-Sternwarte, und auch ein Achteck in der Mitte mit der Hauptkuppel darüber und drei Flügel mit je einem Turm mit Kuppel am Ende. An der Südseite war eine Säulenvorhalle mit dem Haupteingang.

Um 1950 wurden die Beobachtungsbedingungen zu ungünstig, weil sich die Stadt Mexiko weit über Tacubaya hinaus ausgedehnt hatte. Die Sternwarte wurde verlassen und 1963 abgebrochen. Seit 1951 besteht an der Universität von Mexiko das Nationale Institut für Astronomie, das für die neueren Observatorien bei Tonantzintla und in der Sierra de San Pedro Mártir zuständig ist.

Alte Ansicht des (nicht mehr bestehenden) Observatoriums Tacubaya von Südwesten

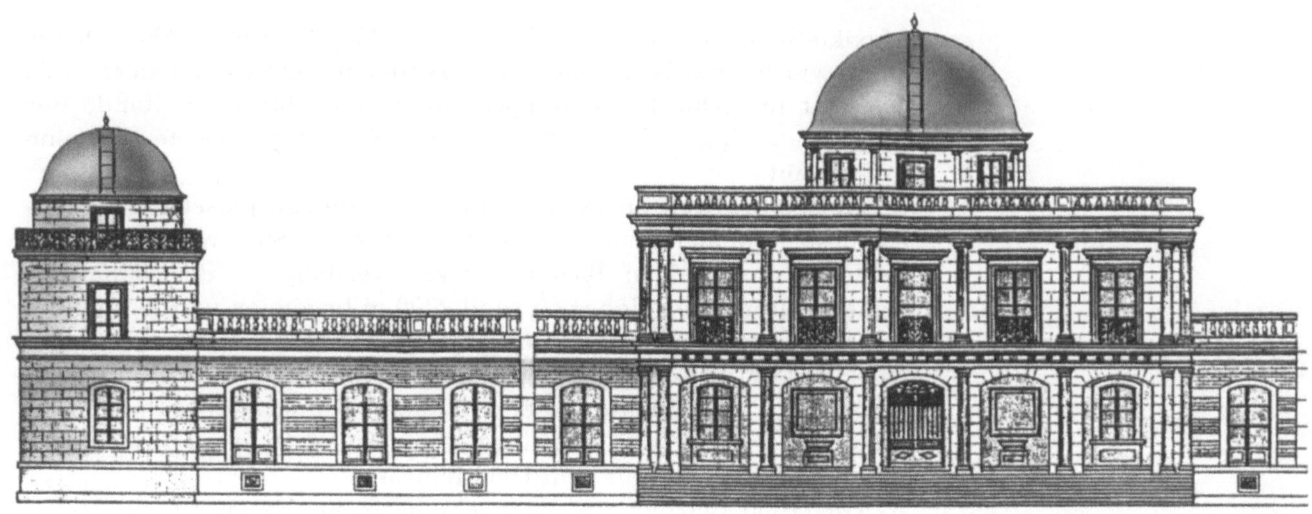

Aufriß der Südseite,
ohne den rechten Flügel

Grundriß des ehemaligen
National-Observatoriums
Tacubaya (Erdgeschoß).
Die wichtigen Bauteile:
1 = Raum unter der
Hauptkuppel;
2, 3 und 4 = Türme mit
Nebenkuppeln;
5 und 6 = Meridiansäle;
10 = achteckiger Umgang;
12 = Vorhalle

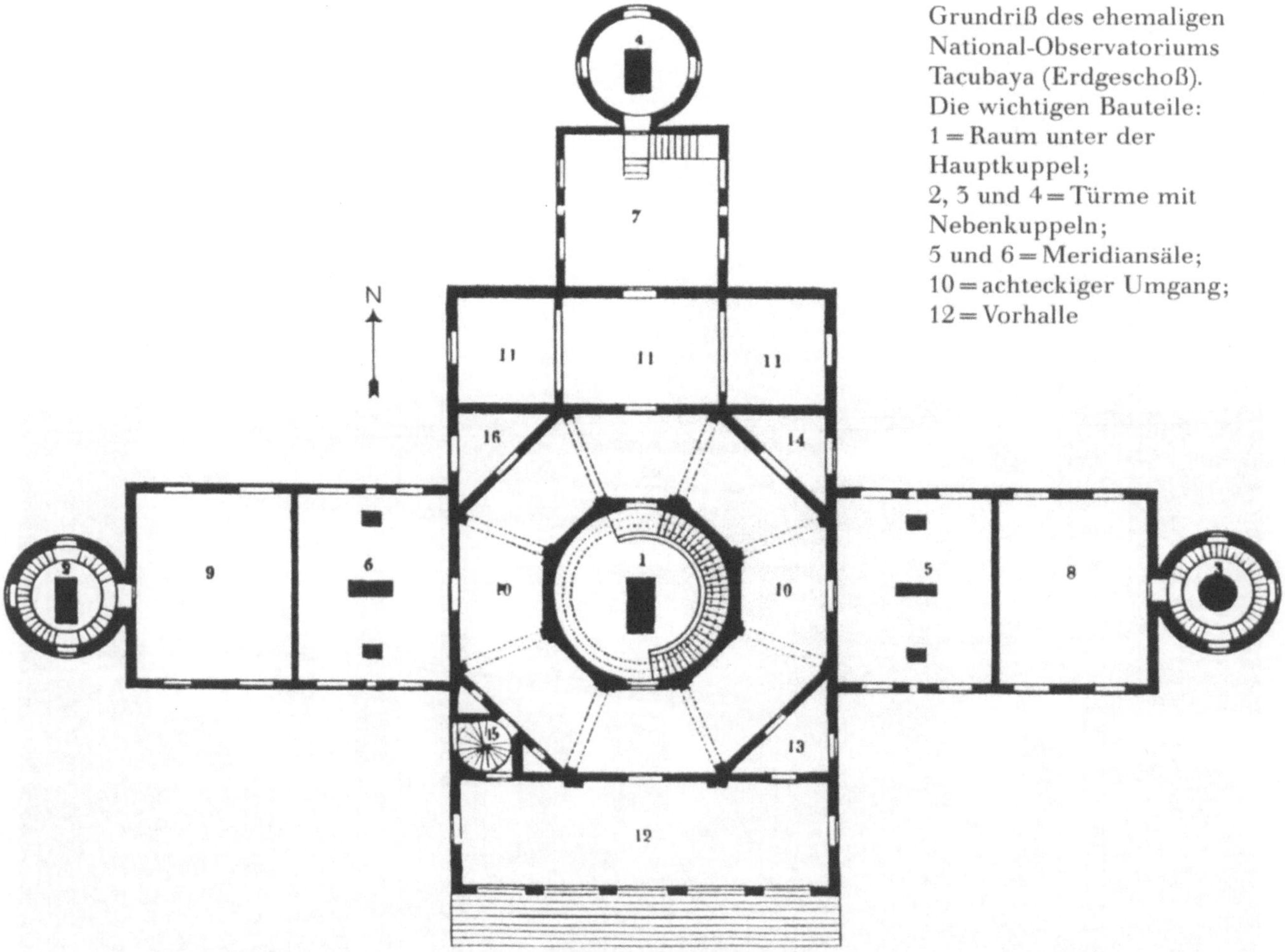

Das US Marine-Observatorium in Washington, D.C., wurde 1830 gegründet und ist damit das älteste nicht private Observatorium in den Vereinigten Staaten. Zuerst war nur ein kleiner Bestand an Seekarten und astronomischen Instrumenten vorhanden. Die Bestimmung war grundsätzlich dieselbe wie bei den Sternwarten von Greenwich, Hamburg und Kapstadt: astronomische Kenntnisse für die Navigation auf See zu vermitteln. Erst 1843/44 erbaute man die erste Sternwarte, und zwar auf einem Hügel nahe dem Fluß Potomac. Die Bauarbeiten wurden von James M. Gilliss überwacht, der sich in Europa informiert hatte. Daher war der Grundriß T-förmig mit drei Flügeln, ähnlich wie die gleichzeitigen europäischen Sternwarten (z. B. Bonn). Der mittlere Bauteil hat zwei Geschosse und eine Kuppel darüber.

Eine zusätzliche Kuppel wurde 1873 am Südende angefügt, als ein neuer großer Refraktor aufzustellen war. Die 66 cm-Objektivlinse wurde von Alvan G. Clark geliefert. Mit diesem Fernrohr entdeckte Asaph Hall 1877 die beiden Monde des Mars. Die alte, aufgegebene Sternwarte besteht heute noch als Teil des Marine-Krankenhauses.

Ein neues Marine-Observatorium wurde 1887–93 auf einem großen, kreisförmigen Grundstück an der Massachusetts Avenue an der Nordwestgrenze der wachsenden Hauptstadt errichtet. Mit der Planung wurde der bedeutende Architekt Richard M. Hunt aus New York beauftragt. Für die Sternwarte wählte er einen noblen, rein klassizistischen Stil, das Hauptgebäude ist länglich und symmetrisch, hat einen rechteckigen Turm am westlichen und eine Rotunde am östlichen Ende. Der Turm trägt eine Kuppel, die schön verzierte Rotunde enthält die Bibliothek. Westlich des Turmes errichtete man eine Hütte für ein Meridian-Instrument und noch weiter westlich einen großen Kuppelbau für Asaph Halls großen Refraktor. Diese drei ursprünglichen Bauten sind auf einer West-Ost-Linie angelegt. Als dieser Neubau verwirklicht wurde, war Simon Newcomb Direktor.

Heute ist das US Marine-Observatorium (US Naval Observatory) nicht weniger bedeutend als in der Vergangenheit: Der hier eingerichtete Zeitdienst ist der genaueste auf der ganzen Welt, wichtig für Astronomie und Verkehr, auch in der Luft und im Weltraum (in Zusammenarbeit mit der NASA). Mit den hier installierten Quarzuhren und (seit 1958) Atomuhren können auch minimale Abweichungen bei der Umdrehung der Erde festgestellt werden. Für astronomische Forschungen in einem trockenen Klima steht eine Zweig-Sternwarte in Flagstaff, Arizona, mit einem 1,5 m-Reflektor zur Verfügung.

Das alte
Marine-Observatorium
im heutigen Zustand,
es dient als Marine-Hospital

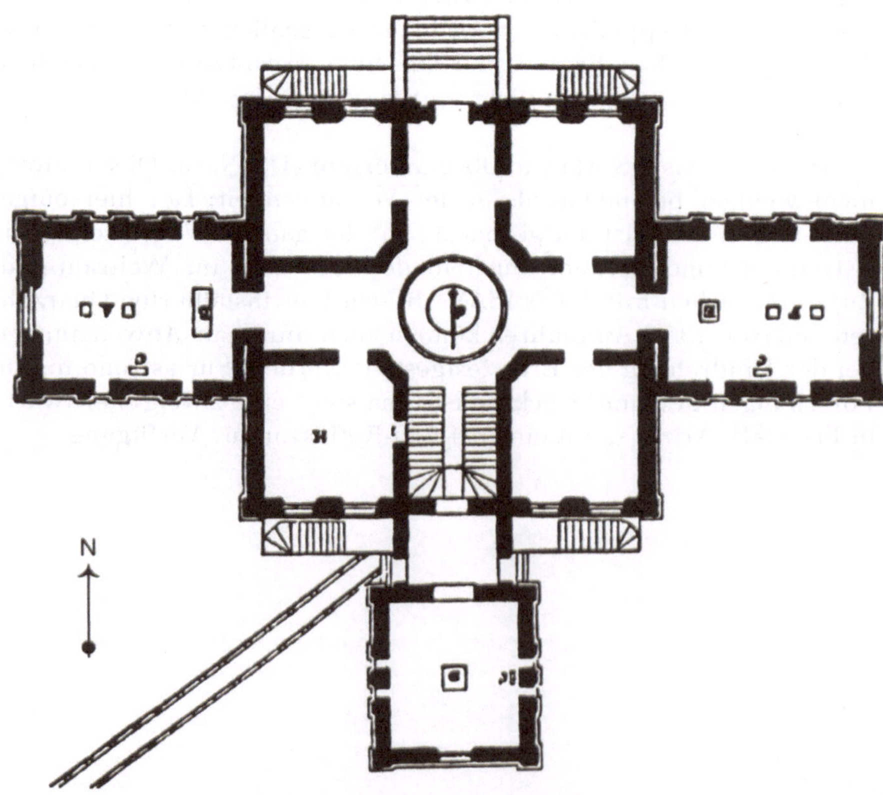

Grundriß des alten
Marine-Observatoriums
in Washington

Luftaufnahme des heutigen
US Marine-Observatoriums
in Washington
von Südwesten

Das Hauptgebäude
von Südosten,
Teilansicht

Die Rotunde
am östlichen Ende,
darin die Bibliothek

Der Kuppelbau
für den 66 cm-Refraktor
von Osten

Das YERKES-OBSERVATORIUM ist ein Institut der Universität Chicago, befindet sich aber in WILLIAMS BAY, Wisconsin, einer Kleinstadt ungefähr 120 km von Chicago nach Nordwesten entfernt. Die Geschichte des Yerkes-Observatoriums begann 1892, als der ehrgeizige Astronom GEORGE E. HALE mit seiner Privat-Sternwarte in Chicago nicht mehr zufrieden war und von zwei wertvollen Glasscheiben mit 105 cm Durchmesser erfuhr, die in Paris hergestellt und frei verkäuflich waren. Hale konnte den reichen Chicagoer Geschäftsmann CHARLES T. YERKES dafür gewinnen, sie zu kaufen – und schließlich das ganze Yerkes-Observatorium zu finanzieren! Die Glasscheiben wurden von dem Optiker ALVAN G. CLARK aus Cambridgeport, Massachusetts, geschliffen und als 102 cm-Objektivlinse in den Yerkes-Refraktor eingesetzt. Das Rohr und die Montierung des Fernrohrs, die Hebebühne und das Innere der Kuppel wurden von der Firma Warner und Swasey in Cleveland, Ohio, konstruiert. Dieser 1897 vollendete Yerkes-Refraktor wird der größte der Welt bleiben, denn jede größere Linse würde sich durch ihr Gewicht verformen.

Das Yerkes-Observatorium, das größte in den Vereinigten Staaten jemals errichtete Sternwartengebäude, ist in West-Ost-Richtung fast 100 m lang. Es ist das letzte große Observatorium in Kreuzform: alle damals benötigten Räume wurden in einem einzigen Gebäude vereinigt. Der Grundriß hat die Form eines lateinischen Kreuzes, weiterentwickelt nach dem Vorbild des Hauptgebäudes des Lick-Observatoriums. In der großen, 27,4 m weiten, von schmalen Rundbogenfenstern in der Tambourmauer erhellten Kuppel steht der Yerkes-Refraktor. Zwei Türme mit kleineren Kuppeln und (ursprünglich) ein Meridianraum befinden sich am Ostende des Gebäudes. Zur Zeit seiner Vollendung war das Yerkes-Observatorium das bestausgerüstete der Welt.

Der Architekt HENRY I. COBB schätzte offensichtlich den neuromanischen Stil, der an diesem Ort seltsam erscheint. Er setzte schmale Rundbogenfenster auch an den beiden Langseiten des Baues ein, die beiden Portale zeigen reiche Ornamente und werden von einer Figur des Sonnengottes und einem Himmelsglobus überragt.

Das Yerkes-Observatorium bietet noch gute Beobachtungsmöglichkeiten, weil Chicago weit genug entfernt ist. Der modernisierte Yerkes-Refraktor – 19,4 m lang und 20 Tonnen schwer – ist noch zu verwenden, außerdem wurde 1967 ein Reflektor mit gleichem Durchmesser (102 cm) von Warner und Swasey unter der Südost-Kuppel aufgestellt. Der Meridianraum dient nach einem Umbau anderen Zwecken.

Das Yerkes-Observatorium
von Südosten,
links die Hauptkuppel

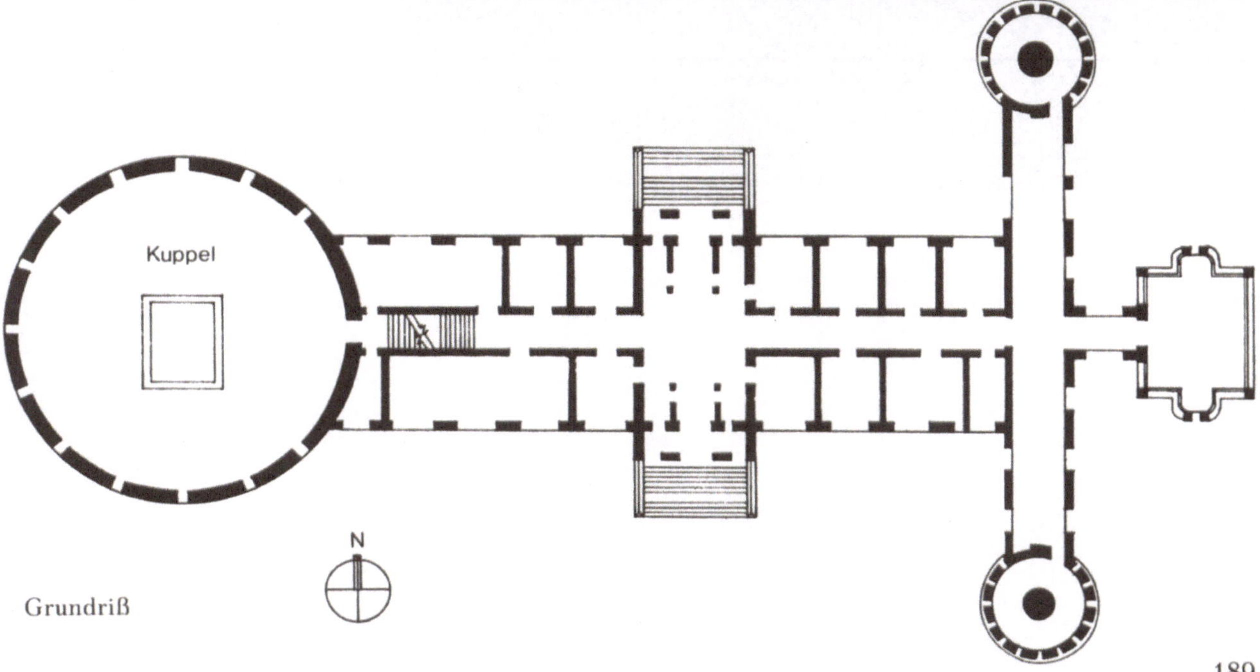
Kuppel
N
Grundriß

Der berühmte
Yerkes-Refraktor, mit
seiner 1 m-Objektivlinse
bis heute der größte
der Welt

Das Portal an der
Südseite des Gebäudes

Die Eingangshalle

Amateurastronomen aus Pittsburgh hatten 1860 eine Sternwarte gegründet, deren Gebäude aber unzureichend wurde. Das folgende ALLEGHENY-OBSERVATORIUM PITTSBURGH liegt auf einem Hügel im Riverview-Park in beträchtlicher Entfernung von der Stadtmitte. Der Stadtteil ringsum war ursprünglich eine eigene Gemeinde namens Allegheny City und wurde später ein nördlicher Vorort von Pittsburgh. Das heutige Sternwartengebäude wurde 1900 begonnen und nach seiner Vollendung 1912 an die Universität Pittsburgh übergeben. Der Architekt THORSTEN E. BILLQUIST wählte einen historistischen Neurenaissance-Stil für das Äußere. Der dreieckige Grundriß, einzigartig in der Sternwarten-Architektur, wurde mit der Absicht gewählt, drei Kuppeln an einem Bau zu verbinden. Die größte Kuppel am Westende hatte ursprünglich einen eigenen Zugang von außen, der Haupteingang befindet sich an der Ostseite. Diese grundsätzliche Aufteilung wurde vom damaligen Direktor FRANK L. WADSWORTH vorgeschlagen.

In der Nordkuppel wurde die Asche des früheren Direktors James E. Keeler in der Krypta unter dem 79 cm-Refraktor beigesetzt – eine außergewöhnliche Idee, die vom Lick-Observatorium übernommen worden war. In der Westkuppel steht ein besonders großes photographisches Linsenfernrohr, zu Ehren seines Stifters Thaw-Refraktor genannt. Die Objektivlinse hatte 76 cm Durchmesser und bestand aus zwei Scheiben aus Kron- bzw. Flintglas, von dem Pittsburgher Optiker JOHN A. BRASHEAR geschliffen, sie wurde vor wenigen Jahren ersetzt.* Der Thaw-Refraktor ist der letzte große, der in den Vereinigten Staaten zu einer Zeit hergestellt wurde, als die Entwicklung der astronomischen Instrumente schon zugunsten der Reflektoren verlief. Immerhin ist er mit seinem 14,3 m langen Rohr der sechstgrößte Refraktor der Welt, vergleichbar mit dem in Nizza. Ein besonderer Detektor kann an seinem Okularende befestigt werden.

Das Programm des heutigen Direktors, Prof. Dr. George Gatewood, umfaßt auch eine systematische Suche nach Planeten außerhalb unseres Sonnensystems. Bisher wurden noch keine mit Sicherheit entdeckt. Daher ist eine solche Suche bestimmt sinnvoll, verspricht aber keine baldigen Erfolge.

* Lauterbach, Theodora M.: The Allegheny Observatory of the University of Pittsburgh. Pittsburgh 1952

Das Allegheny-Observato-
rium
in Pittsburgh von Osten

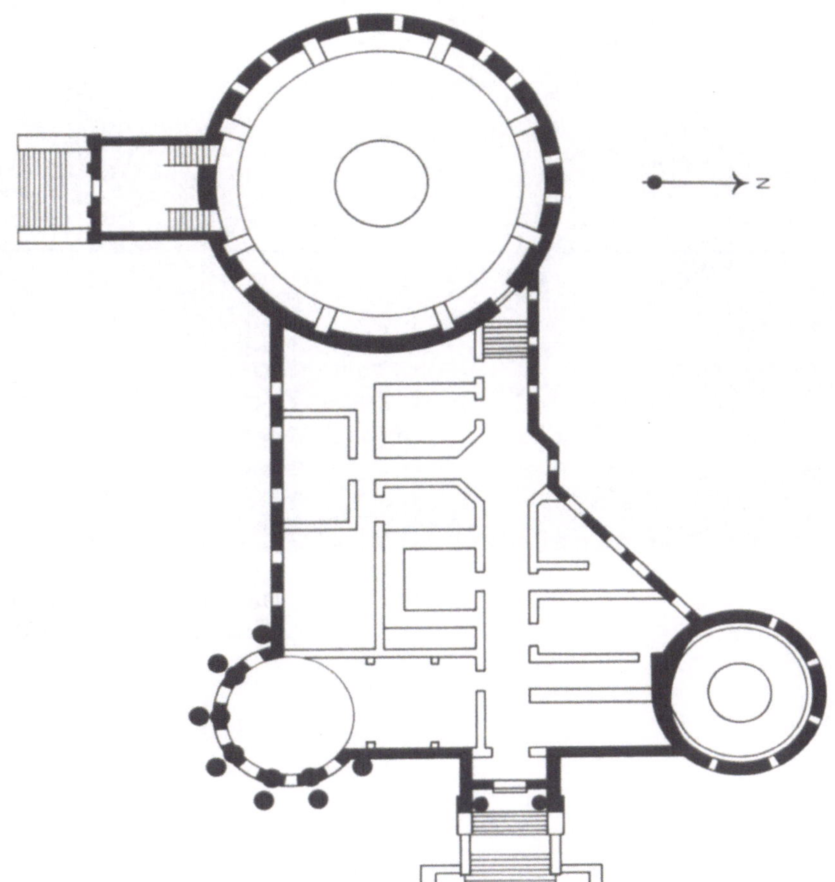

Grundriß

Der sog. Thaw-Refraktor,
der sechstgrößte der Welt

Die Westkuppel
für den großen Refraktor

Bald nach Vollendung des Yerkes-Observatoriums 1897 erkannte
GEORGE E. HALE, daß sein Yerkes-Refraktor nie übertroffen werden
könnte. Der Optiker GEORGE W. RITCHEY stellte zum Vergleich einen
60 cm-Reflektor her, und Hale begann, grundsätzlich mehr auf diesen
Fernrohrtyp zu vertrauen und nahm größte Anstrengungen auf sich.
Er suchte einen noch günstigeren Ort für astrophysikalische und Son-
nenbeobachtungen und vor allem einen weiteren Geldgeber. Schließ-
lich bekam Hale eine große Summe von der Carnegie Institution in
Washington und konnte damit seine Aktivität nach dem sonnigen
Kalifornien verlegen.

Das »Hauptquartier« des MOUNT-WILSON-OBSERVATORIUMS, mit
optischer Werkstatt und Verwaltung, wurde in Pasadena eingerichtet,
einem Ort nordöstlich von Los Angeles. Der Mount Wilson ist 13 km
von Pasadena entfernt und 1742 m hoch. Hier begannen die Bauarbeiten 1904. Zuerst war ein 1,5 m-Spiegel von Ritchey fertig, der nächste
mit einer Öffnung von 2,54 m (genau 100 inches), in Erinnerung an
den Stifter JOHN D. HOOKER Hooker-Reflektor genannt, wurde erst
1917 vollendet. Die gewaltige Kuppel mit 32 m Durchmesser ist aus
Stahl, mit doppelten Wänden, um die Hitze des Tages abzuhalten. Bei
dieser Kuppel bzw. diesem Observatorium überwog zum erstenmal
das Ingenieurwerk ganz ohne jede Verzierung. Der Astronom EDWIN
P. HUBBLE entdeckte mit dem Hooker-Reflektor den sog. Hubble-
Effekt, das Auseinanderfliehen aller Galaxien mit zunehmender
Geschwindigkeit. Dies war ein entscheidender Beitrag zu einer
modernen Theorie über Anfang und Entwicklung des Universums
(Urknall).

Auch zwei Türme für Sonnenbeobachtungen wurden errichtet.
Der größere ist 46 m hoch und hat einen tiefen Schacht als Verlängerung unter die Erdoberfläche. Die Sonnenstrahlen werden durch
zwei Spiegel (der eine wird Coelostat genannt) und eine Linse senkrecht nach unten auf ein Spektrometer gelenkt. Dieser Sonnenfern-
rohrtyp wurde angeblich von HALE selbst erfunden. Ein neues Sonnen-Observatorium wurde später auf einer Insel im Big Bear Lake
gebaut. Die Beobachtungsbedingungen auf dem Mount Wilson haben
sich freilich verschlechtert, denn der Nachthimmel wird von Los
Angeles her aufgehellt. Darum ist ein Duplikat des Hooker-Reflek-
tors seit 1976 in Las Campanas in Chile in Betrieb: das Irénée-du-
Pont-Teleskop.* Die gemeinsame Verwaltung der Observatorien auf
dem Mount Wilson und Mount Palomar ist seit 1980 aufgehoben.

* Frontiers in Space.
California Institute
of Technology.
Pasadena 1967

Gesamtansicht
des Observatoriums
auf dem Mount Wilson:
links zwei Türme
zur Sonnenbeobachtung,
in der Mitte Kuppel
für den 1,5 m-Reflektor,
rechts große Kuppel für den
2,54 m-Reflektor

Der große Kuppelbau
für den Hooker-Reflektor

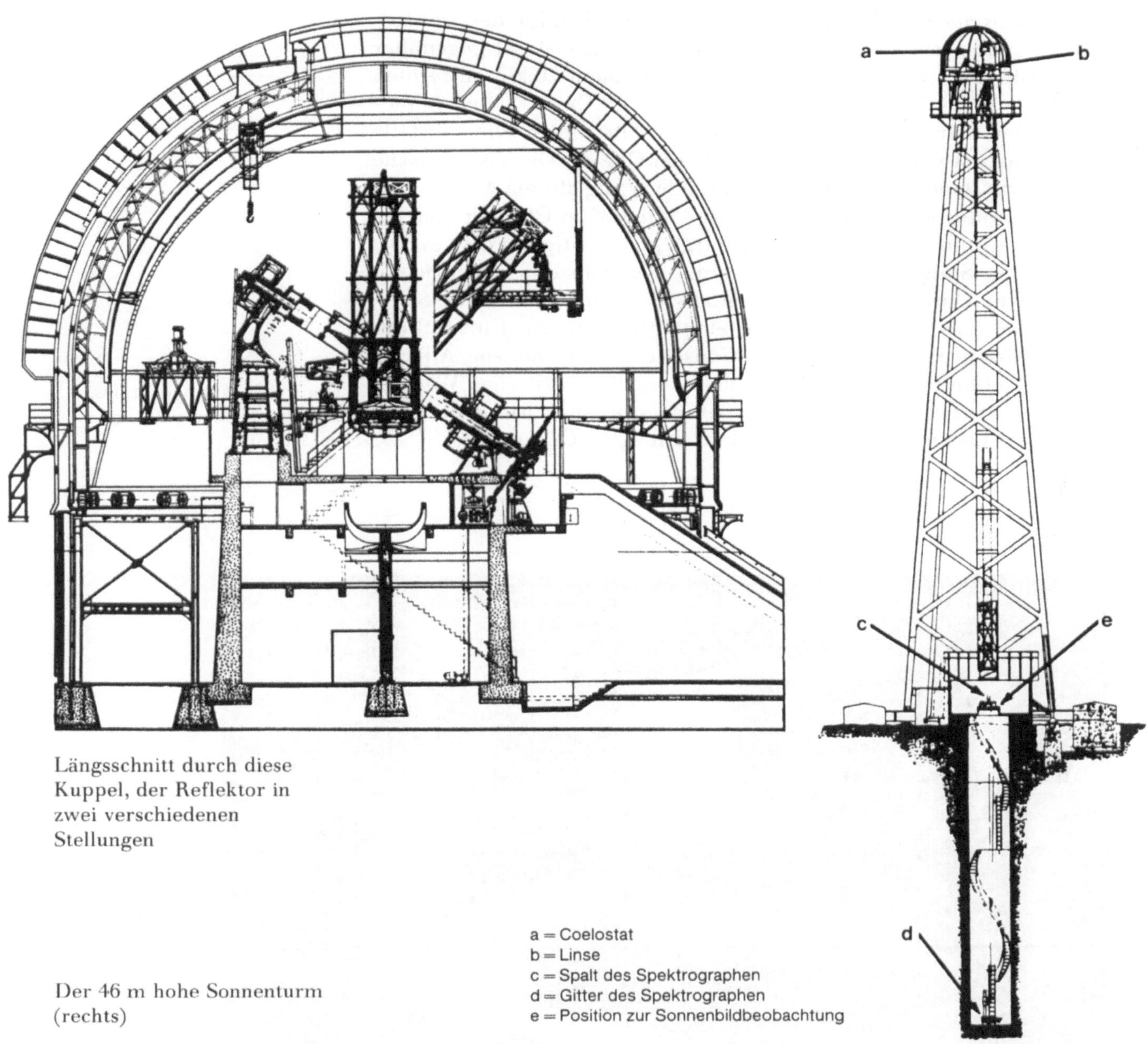

Längsschnitt durch diese
Kuppel, der Reflektor in
zwei verschiedenen
Stellungen

Der 46 m hohe Sonnenturm
(rechts)

a = Coelostat
b = Linse
c = Spalt des Spektrographen
d = Gitter des Spektrographen
e = Position zur Sonnenbildbeobachtung

Die kanadische Stadt Victoria liegt im südwestlichen Bundesstaat British Columbia auf der Südostspitze der Vancouver-Insel gegenüber der Küste des US-Staates Washington. Auf einem 20 km entfernten Hügel steht das DOMINION ASTROPHYSIKALISCHE OBSERVATORIUM VICTORIA. Der Astronom JOHN S. PLASKETT wählte diesen Platz anstelle eines zunächst vorgesehenen Standorts bei Ottawa. Diese kanadische Sternwarte stand im Wettbewerb mit dem wenig älteren Mount-Wilson-Observatorium, denn ein Reflektor mit 1,85 m Öffnung war bei der Firma John A. Brashear in Pittsburgh gleichzeitig mit dem größeren Hooker-Spiegel in Arbeit. Der große Kuppelbau bei Victoria hat »nur« 20 m Durchmesser und ebenfalls doppelte Wände aus Stahl. Außen hat dieser Kuppelbau aber eine Ornamentierung im Stil der Neurenaissance: Das Portal an der Südseite ist von einer sog. Ädikula eingerahmt und hat ein Relief mit dem königlich englischen Wappen darüber. – Erst 40 Jahre später erhielt dies Observatorium ein zweites großes Instrument, einen Reflektor mit 1,2 m Öffnung.

Der große Kuppelbau des Dominion-Observatoriums bei Victoria

Der ehrgeizige, unermüdliche GEORGE E. HALE begnügte sich nicht damit, daß er das Yerkes- und das Mount-Wilson-Observatorium geschaffen hatte – zwei Institutionen, die jede zur Zeit ihrer Vollendung das größte Fernrohr der Welt besaßen. Ermutigt durch den Erfolg des 2,5 m-Hooker-Reflektors auf dem Mount Wilson begann Hale die Vorbereitung für einen weiteren Spiegel, dessen Durchmesser doppelt so groß werden sollte! Zum drittenmal mußte er einen Geldgeber finden, schließlich war es die Rockefeller Foundation. Das gigantische Werk begann 1935 in den Corning Glaswerken in New York, wo man es wagte, einen genügend großen Block aus Pyrex-Glas zu gießen. Als dieser nach mehreren Monaten abgekühlt war, wurde er mit der Eisenbahn über den ganzen Kontinent nach Pasadena bei Los Angeles transportiert. Dort, in der optischen Werkstatt des California Institute of Technology, wurde die Scheibe 11 Jahre lang unter der Leitung von MARCUS BROWN äußerst genau geschliffen und poliert. Hale starb 1938, geschwächt durch sein anstrengendes Leben. Aber sein Traum von einem dritten Fernrohr-Superlativ erfüllte sich dennoch, wenn auch verzögert durch den 2. Weltkrieg.

Den Mount Palomar (1706 m hoch) bei San Diego in Süd-Kalifornien hatte man schon vor 1904 für ein Observatorium vorgeschlagen, doch damals entschied man sich für den Mount Wilson. Das MOUNT-PALOMAR-OBSERVATORIUM ist wirklich einsam gelegen, und das Klima ist trocken genug. Hier wurde der neue Reflektor mit genau 5,08 m Öffnung (200 inches) aufgestellt und 1948 eingeweiht. Er wird Hale-Teleskop genannt. Sein 18 m langes Rohr besteht aus offenem Gitterwerk und ist in einer einzigartigen, teils hufeisenförmigen Montierung befestigt. Das gesamte Gewicht von Fernrohr und Montierung beträgt 530 Tonnen. Der Reflektor kann wahlweise mit Hilfe des Primärfokus, nach dem Cassegrain- oder Coudé-System benutzt werden. Für Beobachtungen im Primärfokus dient eine Kabine innerhalb des Rohres nahe dem oberen Ende.

Das größte Fernrohr erforderte auch den bisher größten Kuppelbau, der von RUSSELL PORTER entworfen wurde. Sein innerer Durchmesser beträgt 41,8 m. Für die zahlreichen Besucher gibt es innen eine mit Glas abgetrennte Plattform. – Zwei weitere Fernrohre sind zu erwähnen, zwei Schmidt-Spiegel, der größere hat eine Korrektionsplatte von 1,2 m und einen Spiegel von 1,8 m Durchmesser. Mit Hilfe dieses »Big Schmidt« erarbeiteten die Astronomen bis 1959 einen photographischen Atlas des nördlichen Sternenhimmels, genannt »Palomar Observatory Sky Survey«.*

* Palomar Pictorial. California Institute of Technology. Pasadena 1965

Der gewaltige 5 m-Reflektor,
sein gitterförmiger Tubus
wird von einer Montierung
gehalten, die zum
Himmels-Nordpol hin
eine hufeisenförmige
Ausbuchtung hat

Die große Kuppel für den
5 m-Reflektor, geöffnet bei
Nacht und aufgenommen
im Mondlicht

1941 wurde eine größere Sternwarte weit außerhalb von Mexiko-Stadt gegründet: das NATIONALE ASTROPHYSIKALISCHE OBSERVATORIUM TONANTZINTLA im Staate Puebla. Es befindet sich 2286 m hoch auf einem Berg oberhalb des Dorfes Tonantzintla, die nächste Stadt, Cholula, liegt 2 km ostwärts. In dieser großartigen Bergwelt ragen drei schneebedeckte Vulkangipfel auf: Popocatépetl, Ixtaccíhuatl und Pico de Orizaba (mit 5700 m der höchste Berg Mexikos). Das Observatorium ist dem Astronom LUIS E. ERRO zu verdanken und gewann seit 1950 an Bedeutung, nachdem die bisherige Sternwarte in México-Tacubaya aufgegeben worden war. Mehrere Bauten wurden am Abhang des Berges unregelmäßig verteilt. Die Haupt-Instrumente sind ein 1 m-Reflektor und ein Schmidt-Spiegel.

Ein neues Observatorium entstand 1970–79 in der Sierra de San Pedro Mártir in Nieder-Kalifornien. Dort (nicht weit vom Mt. Palomar) sind in 2830 m Höhe die Sichtverhältnisse ausgezeichnet, der Nachthimmel wird vollständig dunkel, weil Siedlungen in der Nähe fehlen, die nächste Stadt ist Ensenada. Drei beachtliche Reflektoren mit 2,12, 1,5 und 0,84 m Öffnung sind verfügbar.

Ein kleiner Kuppelbau
bei Tonantzintla

Der große Kuppelbau
für die Schmidt-Kamera,
im Hintergrund links
der Schneegipfel des
Popocatépetl (5452 m)

Der Berliner Berufsastronom WILHELM FOERSTER hatte die Idee, Himmelsbeobachtungen und das astronomische Wissen seiner Zeit auch Laien zugänglich zu machen. Er gründete 1888 die Urania-Gesellschaft und damit die URANIA VOLKS-STERNWARTE BERLIN als erste dieser Art in Europa. Die treibende Kraft wurde MAX WILHELM MEYER, der aus Wien übersiedelt war und sich mit populärwissenschaftlichen Schriften verdient machte. PAUL SPIEKER, der Erbauer des Astrophysikalischen Observatoriums Potsdam und Fachmann für Sternwarten-Architektur, lieferte die Baupläne. Der längliche Haupttrakt der Urania war traditionell und trug drei Kuppeln, ähnlich wie die spätere Babelsberger Sternwarte am Rande von Berlin. Es gab ein wissenschaftliches Theater, Ausstellungsräume und auch ein Meridianzimmer. Die Lage in der Invalidenstraße war jedoch wegen der Nähe des Lehrter Bahnhofs nachteilig (Rauch und Erschütterungen).

Die Berliner Urania, Vorbild aller Volks-Sternwarten, wurde im 2. Weltkrieg völlig zerstört. Als Ersatz wurde 1963 für West-Berlin eine neue erbaut und nach Wilhelm Foerster benannt. Sie steht in Schöneberg auf dem Trümmerberg Insulaner und ist die sechste Berliner Sternwarte.

Die ehemalige Urania
in Berlin

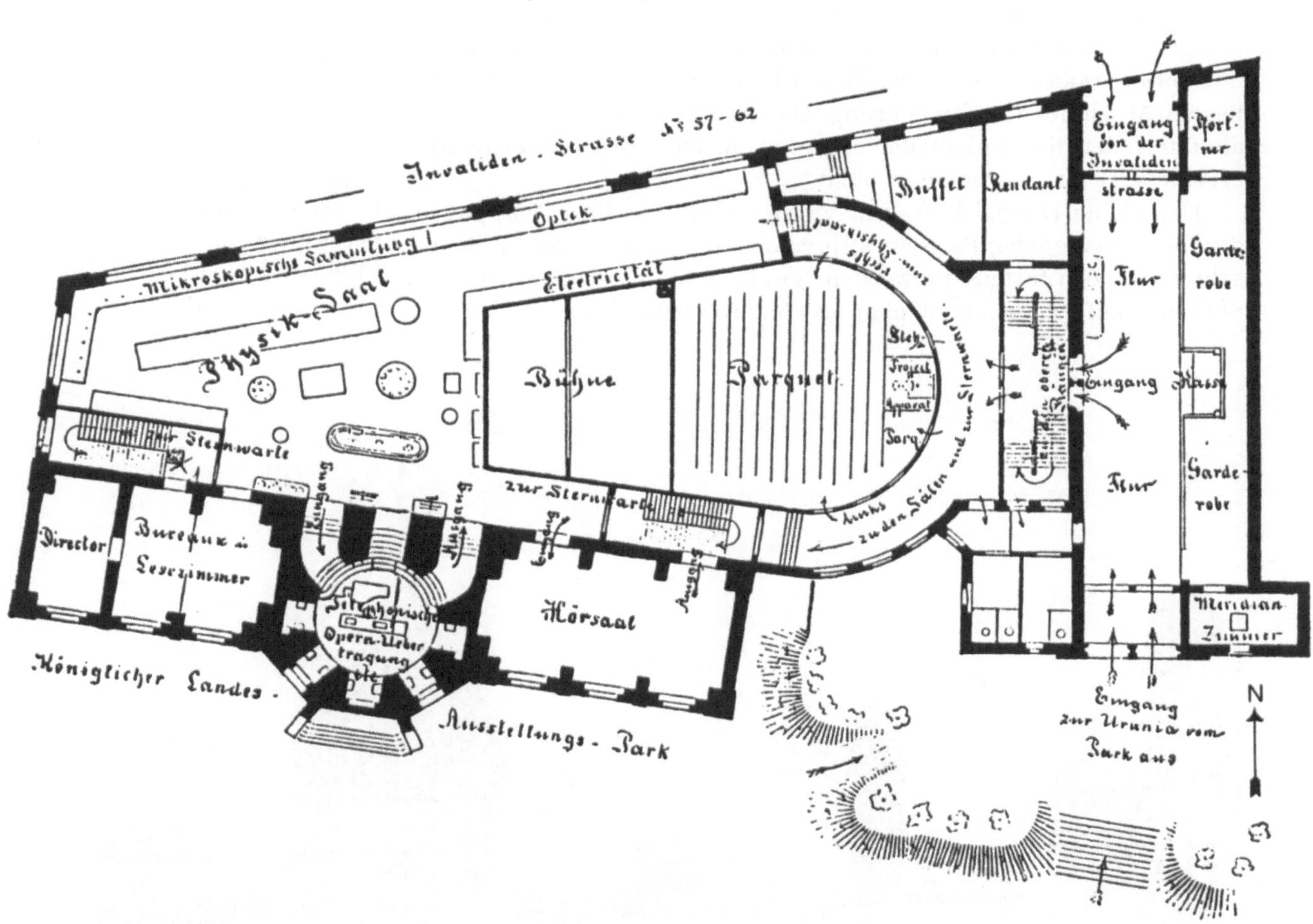

Berliner Urania,
Grundriß des dreiteiligen
Gebäudekomplexes,
rechts der Eingangsbau,
im Zentrum das
»wissenschaftliche Theater«,
links unten die
eigentliche Sternwarte

Die Sorbonne, die angesehene Pariser Universität, wurde schon 1253 gegründet. Kardinal RICHELIEU (1622–42) förderte sie und bekam ein Grabmal in der prächtigen, barocken Sorbonne-Kirche. Um diese Kirche herum waren die alten Gebäude der Universität entstanden, sie wurden in den Jahren 1885–1901 z. T. abgerissen oder saniert und nach Norden hin großartig erweitert. Es entstand ein erneuerter, etwa rechteckiger Gebäudekomplex mit großem Innenhof, im Westen begrenzt von der rue de la Sorbonne, im Osten von der rue St. Jacques (5. Bezirk). An dieser Straße, d. h. eingefügt in die lange, östliche Gebäudefront, steht der markante, 45 m hohe Turm der SORBONNE-STERNWARTE PARIS. HENRI-PAUL NÉNOT erbaute ihn im letzten Abschnitt der Erweiterung. Der Baustil ist historistisch, den älteren Teilen der Universität angeglichen. Diese Turm-Sternwarte erfüllte aber die Erwartungen nicht.*

Der kleine Doppel-Refraktor wurde später aus ihrer Kuppel in das (einst Königliche) Pariser Observatorium gebracht, wo die Beobachtungen noch fortgesetzt werden. Somit wurde die Sternwarte der Sorbonne aufgegeben, blieb aber als Gebäude erhalten.

* Rivé, Philippe:
La Sorbonne et sa
Réconstruction.
Lyon La Manufacture 1987

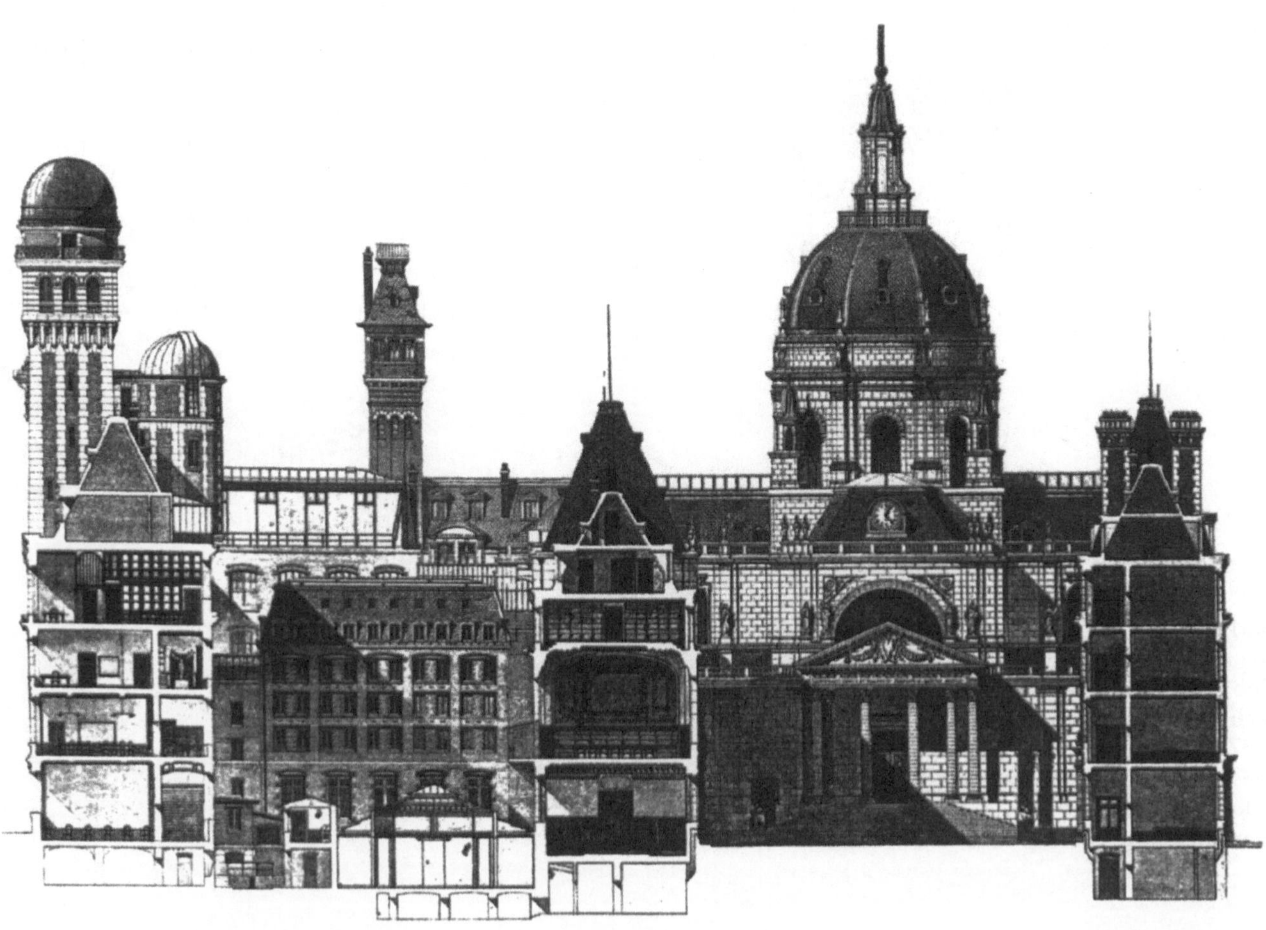

Ostfassade der Sorbonne
an der rue St. Jacques,
mit dem Turm der
ehemaligen Sternwarte,
von Süden

Hauptgebäude der Sorbonne,
Längsschnitt von Ost
nach West, ganz links
der Sternwartenturm,
rechts die Kirche
Sainte Ursule de la Sorbonne

Der Physikalische Verein in Frankfurt war für die Naturwissenschaften zuständig, vor der Gründung der dortigen Universität. Nach 1900 entstand an der Viktoria-Allee (heute Senckenberg-Anlage) ein Komplex von drei Gebäuden, durch Arkaden verbunden: links der Bau des Physikalischen Vereins, in der Mitte das Senckenberg-Museum für Naturgeschichte und rechts ein Bibliotheksbau (der heute zum Hauptgebäude der Universität gehört). Dem ganzen Komplex lag ein anspruchsvolles Programm für die Naturwissenschaften zugrunde, nach dem Plan der Architekten Ludwig Neher und Franz von Hoven. Dem Bau des Vereins wurde ein Turm mit einer Sternwartenkuppel angegliedert. Das Treppenhaus dieses Turmes umschließt nach dem Vorbild einiger barocker Sternwartentürme einen Schacht, der für Fall- und Pendelversuche dienen sollte.

Diese Sternwarte wurde der Universität Frankfurt nach deren Gründung 1914 angeschlossen. Als Volks-Sternwarte Frankfurt wurde sie nach Beseitigung der Kriegsschäden neu eingerichtet. Die Sicht zum südlichen Himmel ist jedoch stark behindert, seitdem in der Nähe Hochhäuser stehen (wie bei der Volks-Sternwarte Köln).

Längsschnitt durch den Turm
von Nord nach Süd

Der Turm der
Volks-Sternwarte Frankfurt,
im Hintergrund
ein Hochhaus

Vom Zürcher Hauptbahnhof verläuft die vornehme, lebhafte Bahnhofsstraße südwärts zum Zürichsee. Nahe dieser Straße steht das Haus Urania, ein Geschäftshaus mit einem stattlichen, achteckigen Beobachtungsturm. Er gehört der URANIA VOLKS-STERNWARTE ZÜRICH und wurde vom Architekten GUSTAV GULL 1905–07 mitten in der Innenstadt 45 m hoch gebaut. Er ist nebenbei auch ein Aussichtsturm mit 16 großen Fenstern unterhalb der Kuppel. Ein 30-cm Refraktor von Zeiss steht auf einem isolierten Betonpfeiler, der tief in den Erdboden hinabreicht. Trotz der Höhe des Turmes folgte man also der herkömmlichen Art, das Fernrohr erschütterungsfrei, d. h. unabhängig von den Böden bzw. Zwischendecken des Turmes, aufzustellen.

Das Haus Urania in Zürich mit Beobachtungsturm

Der Berliner Astronom FRIEDRICH S. ARCHENHOLD erreichte, daß ein Riesenfernrohr hergestellt und bei der Gewerbeausstellung in Berlin 1896 ausgestellt wurde. Dieses Linsenfernrohr war mit einer Länge bzw. Brennweite von 21 m bei einer Öffnung von 68 cm das längste der Welt. Es mußte ohne Kuppel im Freien stehen, wie eine Kanone zum Himmel gerichtet. Diese Ausstellung von 1896 bedeutete die Gründung der später so genannten ARCHENHOLD-STERNWARTE in BERLIN-TREPTOW. Die Architekten REIMER und KÖRTE erbauten 1908–09 das endgültige Sternwartengebäude mit U-förmigem Grundriß, das den Refraktor auf drei Seiten so umgibt, daß er vor allem nach Süden frei beweglich ist.

Da die ältere Berliner Urania-Sternwarte 1944 ganz zerstört wurde, ist die ARCHENHOLD-STERNWARTE die älteste noch bestehende Volks-Sternwarte in Europa. Sie ist mit mehreren neuen Fernrohren sehr gut ausgerüstet und besitzt auch ein Zeiss-Kleinplanetarium. 1983 war die Rekonstruktion des großen Refraktors beendet, so daß er wieder eingesetzt werden kann.* Der südöstliche Stadtteil Treptow gehörte zu Ost-Berlin.

* Herrmann, Dieter B.:
Sterne über Treptow.
Die Geschichte der
Archenhold-Sternwarte.
Berlin (DDR) 1988

Die heutige
Archenhold-Sternwarte
in Berlin-Treptow,
Luftaufnahme in Richtung
Nordwesten

Am einen Ende der Ringstraße, wo die Aspernbrücke den Donaukanal überquert, steht das Gebäude der URANIA VOLKS-STERNWARTE WIEN. Dieser Standort ist hervorragend und nicht weit von der Stadtmitte. Die Urania ist ein größeres Volksbildungsinstitut mit Sälen für Vorträge und Filme. An der Rückseite des Gebäudes, von MAX FABIANI erbaut, ragt der Sternwartenturm empor. Das 1910 vollendete Urania-Gebäude erlitt im 2. Weltkrieg Bombenschäden. In der neuen, größeren Kuppel steht seit 1980 ein speziell für Bildungsaufgaben konstruiertes Doppelfernrohr, ein 15 cm-Refraktor mit einem 30 cm-Reflektor auf einer gemeinsamen Montierung.

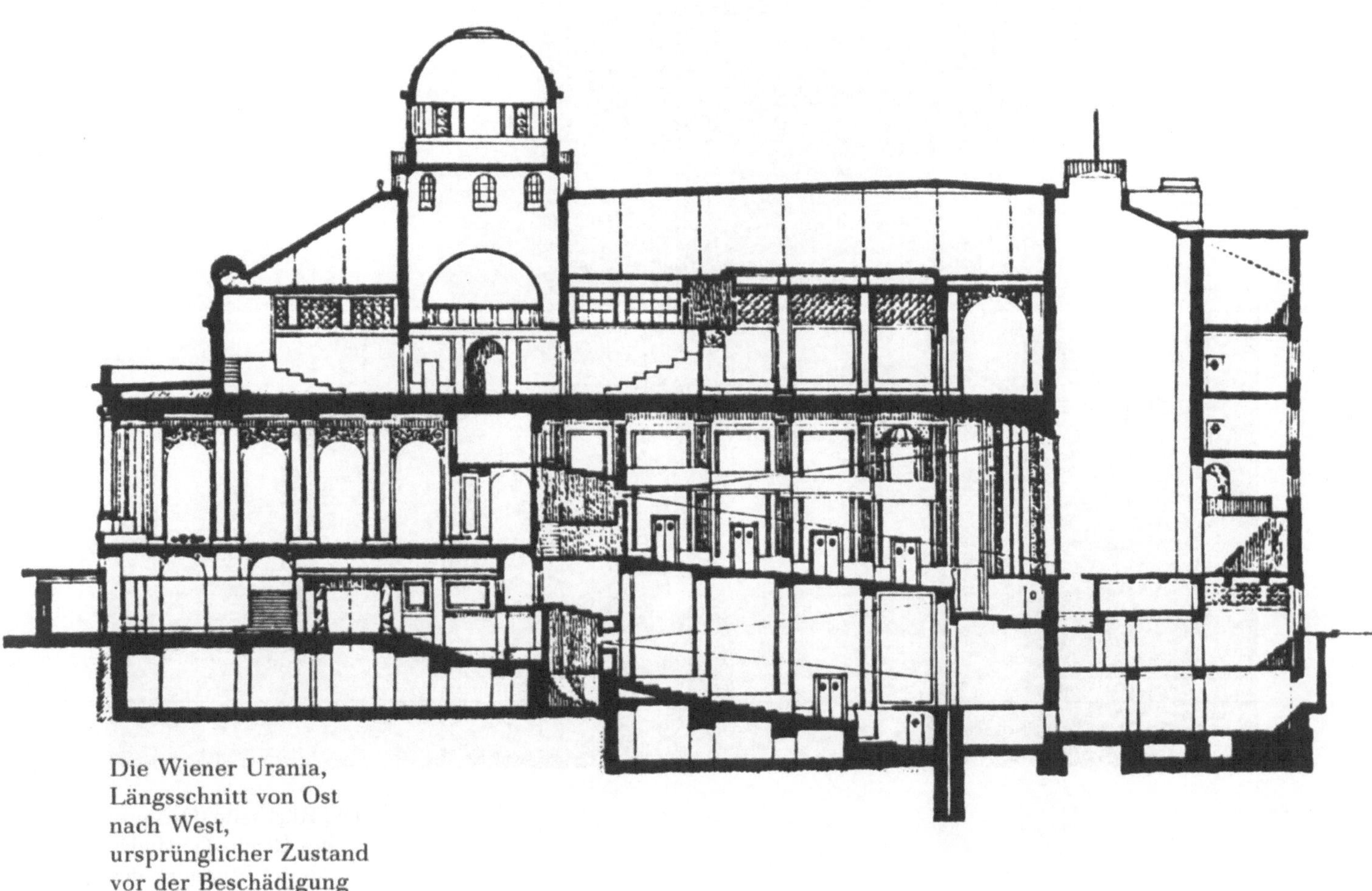

Die Wiener Urania,
Längsschnitt von Ost
nach West,
ursprünglicher Zustand
vor der Beschädigung

Der Neubau der
Archenhold-Sternwarte
Berlin, gezeichnet von den
beiden Architekten
(links oben)

Der längste Refraktor der
Welt, unter freiem Himmel
(links unten)

Die Rückseite (Ostseite)
des Urania-Gebäudes
an der Mündung des
Wien-Flusses in den
Donaukanal

Die Technische Hochschule in Dresden wurde 1828 gegründet, das heutige Hauptgebäude aus der Zeit 1910–13 steht an der George-Bähr-Straße, südlich vom Hauptbahnhof. Der Architekt MARTIN DÜLFER fügte an der Nordseite einen 40 m hohen Turm an für die von dem Geodäten und Astronomen B. PATTENHAUSEN geschaffene STERNWARTE DER TECHNISCHEN HOCHSCHULE DRESDEN. Äußerlich folgte er den etwas älteren Türmen der Universitäten Paris (Sorbonne) und Frankfurt/Main. In der Dresdner Kuppel wurde ein bescheidener 30 cm-Refraktor benutzt.

Bei den anglo-amerikanischen Bombenangriffen im Februar 1945 wurde der Turm erheblich beschädigt. Das Observatorium wurde bis 1961 wiederhergestellt und dann »Lohrmann-Institut für geodätische Astronomie« benannt. Im selben Jahr wurde die Hochschule reorganisiert und zur Technischen Universität aufgewertet.*

* Sandig, Hans U.: Das Lohrmann-Institut der Technischen Universität Dresden. Die Sterne 39, 1963, S. 30–34

Die Sternwarte der Technischen Universität Dresden, der Turm ist neu verkleidet

In München gibt es drei Observatorien: die Universitäts-Sternwarte im Stadtteil Bogenhausen (zuerst erbaut 1816–19), die Bayerische Volks-Sternwarte (Rosenheimer Straße) und die STERNWARTE DES DEUTSCHEN MUSEUMS MÜNCHEN, dessen Astronomische Abteilung sich im 5. und 6. Stock des sog. Sammlungsbaues befindet. Das Deutsche Museum, 1903 von OSKAR VON MILLER gegründet, hat sich zum größten Technischen Museum der Welt entwickelt. Der ausgedehnte Gebäudekomplex steht auf einer Insel inmitten der Isar (Museumsinsel). Der Sammlungsbau wurde von GABRIEL VON SEIDL entworfen, 1906 begonnen und erst 1925 eröffnet. Die beiden runden Türme an den Ecken der nördlichen Hauptfassade tragen je eine kleine Kuppel; in der Ostkuppel steht ein 40 cm-Reflektor, in der Westkuppel ein 30 cm-Refraktor von Zeiss/Jena zur Sonnenbeobachtung. Die mittlere Kuppel (Spitze 51 m hoch) war mit ihrem früheren Kegeldach der einstigen Hauptkuppel der russischen Sternwarte Pulkowo nachgebildet, weil sie ein wertvolles Museumsstück von dort enthielt: den 38 cm-Refraktor, der 1838 der größte der Welt war. Die Objektivlinse stammte angeblich aus der Werkstatt Joseph Fraunhofers (gestorben 1826). Der ganze Refraktor war von seinen Nachfolgern, der Münchner Firma Merz und Mahler, geliefert worden. Bei einem Bombenangriff 1944 wurde das nicht originale Fernrohr mit der Kuppel zerstört.*

OSKAR VON MILLER war nicht nur ein leidenschaftlicher Sammler von historischen Meisterwerken der Technik, er trug auch dazu bei, daß bei den Zeiss-Werken in Jena das sog. »Ptolemäische« bzw. PROJEKTIONS-PLANETARIUM entwickelt und patentiert wurde. Das Zeiss-Planetarium Modell I, erfunden von dem Ingenieur WALTHER BAUERSFELD, wurde in einem Kuppelsaal im 3. Stock 1923 vorgeführt und war dann eine Hauptsehenswürdigkeit des ganzen Museums. Beim Wiederaufbau verlegte man das Planetarium in die erneuerte mittlere Kuppel, die nur 15 m Durchmesser hat. Das Projektionsgerät Modell IV von 1960 wurde dann 1988 durch ein verbessertes, Computer-gesteuertes Gerät (Modell 1015) von Zeiss in Oberkochen ersetzt. Die Astronomische Abteilung besteht seit 1912 und wurde bis 1992 erheblich vergrößert.

* Hartl, Gerhard: Der Refraktor der Sternwarte Pulkowa. Sterne und Weltraum (Heidelberg) 1987, Heft 7/8, S. 397–404

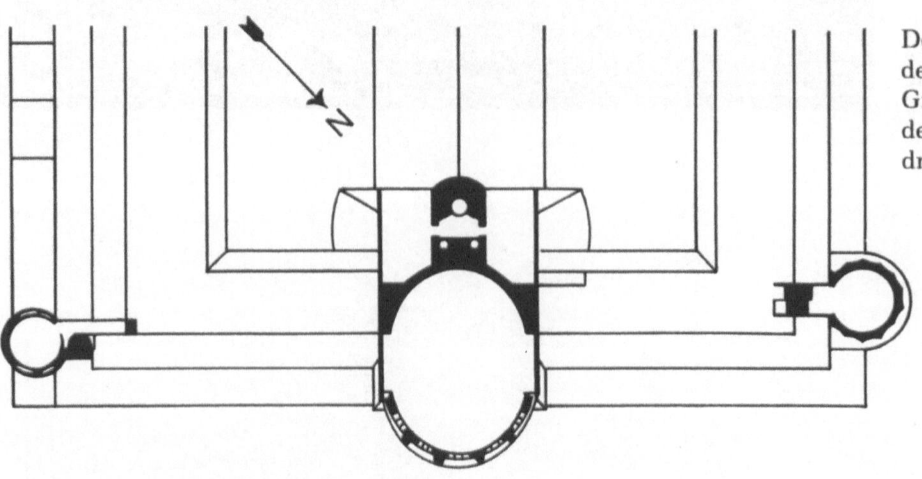

Der Sammlungsbau des Deutschen Museums, Grundriß in Höhe des Daches mit den drei Kuppeln

Der Sammlungsbau von
Nordwesten, in der hinteren
Kuppel befindet sich das
Planetarium, in der vorderen
ein 30 cm-Refraktor

Luftaufnahme der
Museumsinsel mit dem
Deutschen Museum
von Nordosten

Stuttgart liegt in einem Talkessel, von Höhenzügen umgeben. Östlich vom Stadtzentrum, auf der Uhlandshöhe, befand sich ein altes städtisches Wasser-Reservoir, daneben wurde 1921–22 ein Rundturm in rustikalem Stil von dem Architekten WILHELM JOST erbaut, der Hauptteil der VOLKS-STERNWARTE STUTTGART. Hier war der Astronom ROBERT HENSELING tätig, der durch seine volkstümlichen Schriften bekannt war. Die Sternwarte dehnte sich auf dem Bergplateau aus und wurde 1972 zu ihrem 50jährigen Jubiläum renoviert. Sie verfügt über drei fest montierte Fernrohre: in einer zweiten Kuppel und in einer Schutzhütte.

Der Hauptturm der
Stuttgarter Sternwarte,
nach der Renovierung

In früheren Jahrhunderten boten Befestigungsmauern oft ein solides Fundament für eine Sternwarte. Noch im Jahre 1928 wurde ein solcher Standort für die VOLKS-STERNWARTE PRAG ausgesucht. Sie wurde auf dem Laurenziberg (tschechisch Petřín) inmitten ausgedehnter Grünanlagen errichtet. Über diesen Berg zieht sich die sogenannte Hungermauer hin, unter Kaiser KARL IV. um 1360 angelegt. Die Ruine eines Rundturmes an dieser Befestigungsmauer übernahm der Architekt VÁCLAV VESELÍK und baute darauf den Hauptturm der Volks-Sternwarte. Um 1973 wurde sie renoviert, außerdem ist sie durch die wiederhergestellte Bergbahn zum Laurenziberg leichter zugänglich.

Die Prager Volks-Sternwarte
nach der Renovierung

Die Volks-Sternwarte
auf dem Laurenziberg,
vom nahen Aussichtsturm
gesehen

Los Angeles verdankt die ausgedehnte Parkanlage um den Mount Hollywood dem vermögenden Oberst GRIFFITH J. GRIFFITH. Als er 1919 starb, war in seinem Testament auch ein Betrag für eine Sternwarte im Park vorgesehen. Wegen der Lage am Nordostrand der riesigen, weiter wachsenden Stadt wurde das GRIFFITH-OBSERVATORIUM LOS ANGELES »nur« als Volks-Sternwarte konzipiert, in Verbindung mit einem Zeiss-Planetarium.

Die Lage auf dem Mount Hollywood und die Aussicht von hier ist prächtig. Die langgestreckte, repräsentative Hauptfassade geht nach Norden, der Grundriß ist T-förmig. An den Enden der drei Flügel befindet sich je eine Kuppel. Das Planetarium in der mittleren Kuppel besitzt ein modernisiertes Projektionsgerät von Zeiss/Oberkochen. Die Architektur von JOHN C. AUSTIN und FREDERIC M. ASHLEY ist eine eigenartige Mischung von griechischen und orientalischen Motiven, neuklassizistisch und typisch für die Jahre 1933–1935. Das sehr beliebte Griffith-Observatorium bietet auch Ausstellungen und Vorführungen mit Laser-Strahlen (ein sog. Laserium).

Blick vom Umgang der Hauptkuppel zur westlichen Nebenkuppel

Das Griffith-Observatorium
auf dem Mount Hollywood
von Norden,
in der mittleren Kuppel
ist das Planetarium

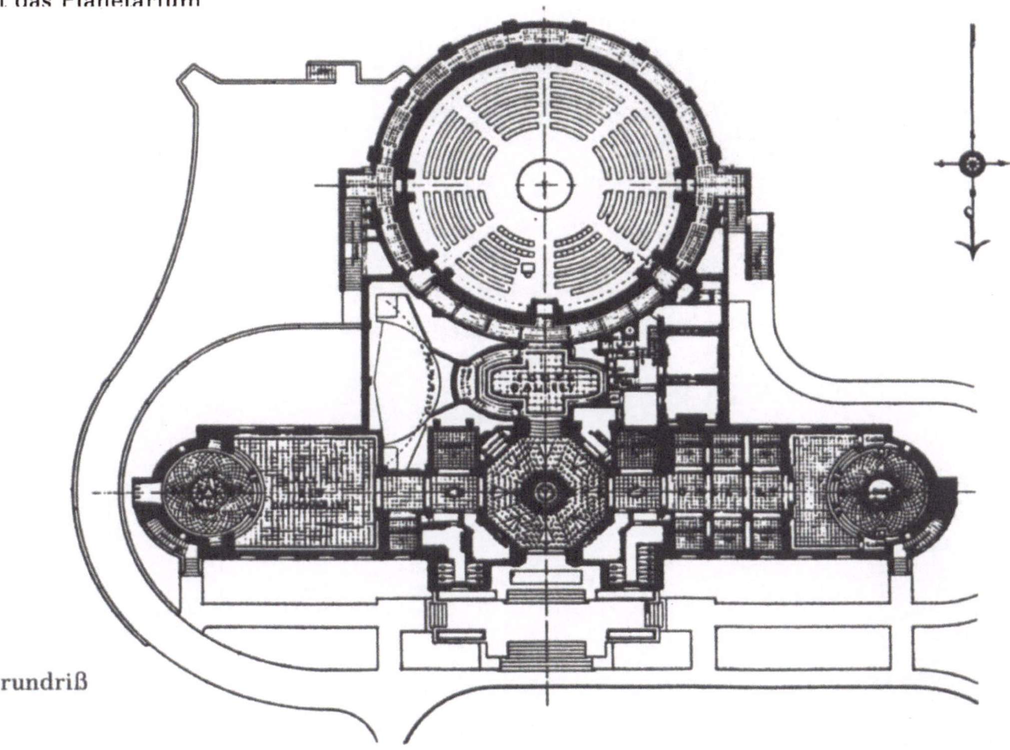

Grundriß

I. KALENDERBAUTEN BEI DEN ALTEN HOCHKULTUREN

Aus der Vorgeschichte und dem Altertum, von den alten Hochkulturen bis zu einem bestimmten Bauwerk in Korea (um 640 n. Chr.), ist kein einziger Bau bekannt, der nur astronomischen Beobachtungen gedient hätte. Frühe Monumente, die von manchen Wissenschaftlern als Beobachtungsplätze angesehen werden, hatten auch oder vorwiegend religiöse Funktionen als Grabbau, Tempel oder Gebetsplatz. Astronomische Beobachtungen waren für einen Kalender und für die Entwicklung jeder Hochkultur unentbehrlich, darum können die ältesten »Observatorien« auch als Kalenderbauten bezeichnet werden.

Die ältesten monumentalen »Kalenderbauten« in der Geschichte der Menschheit waren offensichtlich die großen Pyramiden der 4. Dynastie im alten Ägypten, deren vollkommenste die des Cheops bei Giseh ist (um 2550 v. Chr.). Die ägyptischen Pyramiden sind genau nach den vier Himmelsrichtungen orientiert und als »Sonnenuhren« nützlich, zumindest zum Anzeigen der genauen Mittagszeit. Mit Hilfe der nördlichen oder südlichen unteren Pyramidenkanten konnten die Äquinoktien bestimmt werden, nämlich wenn der Sonnenaufgang bzw. -untergang genau in Verlängerung der Pyramidenkante zu beobachten war, also genau im Osten bzw. Westen. Die Erbauer der Pyramiden experimentierten mit Neigungswinkeln zwischen 43 und 57 Grad. Die Cheops-Pyramide hat einen Neigungswinkel von knapp 52 Grad, anscheinend im Hinblick auf die Höhe bzw. den Neigungswinkel der Sonne zur Zeit der Äquinoktien. An diesen beiden Tagen stand dann die Sonne mittags genau in Verlängerung der Pyramidennordseite. Dadurch zeigte diese Nordseite die Jahreszeiten an: Während des Winterhalbjahres blieb sie ganz im Schatten, während des Sommerhalbjahres wurde sie von der Sonne beschienen. Der französische Ägyptologe Jean-Philippe Lauer* schrieb, die kalendarischen Eigenschaften der ägyptischen Pyramiden seien nicht völlig geklärt. Es gibt darüber eine Menge wissenschaftlicher, pseudowissenschaftlicher und phantastischer Theorien.

Die Priester-Astronomen der alten Hochkulturen in Mesopotamien beobachteten vermutlich von der obersten Plattform der Stufenpyramiden, der Zikkurate, aus. Astronomie, Astrologie und Religion bildeten eine Einheit, besonders für die alten Babylonier, die den Tierkreis entwickelten. Im Altertum wurden Sonne, Mond, auffällige Planeten und Sterne in der Regel mit Göttern identifiziert, weil ihre Bewegungen am Himmel so kompliziert und unerklärlich erschienen. Beobachtung und Verehrung lagen nahe beieinander.

Der älteste monumentale Kalenderbau in Europa, der vorgeschichtliche Steinkreis von Stonehenge in Süd-England, hat einen äußeren Durchmesser von 105 m und wurde seit etwa 2200 v. Chr. angelegt. Die äußersten Auf- und Untergangspunkte der Sonne an den Tagen der Sonnenwenden waren durch bestimmte Steine markiert. Ein dreifacher Kreis von Vertiefungen in der Erde war so gut wie eine Gradeinteilung, geeignet zum Anlegen von Visierlinien nach den Auf- und Untergangspunkten des Mondes und anderer Gestirne. Der Beobachter mußte genau in der Mitte des Heiligtums stehen, wo ein Altar bestanden hatte.

* Lauer, Jean-Philippe: Das Geheimnis der Pyramiden. Baukunst und Technik. Herbig, München Berlin 1980

Die Geographen und Astronomen der alten Griechen hatten als erste ein wissenschaftliches Interesse an der Erforschung von Himmel und Erde. Aristarch von Samos (ca. 310–230 v.Chr.) nahm die heliozentrische Weltvorstellung von Nikolaus Kopernikus vorweg, Eratosthenes von Kyrene (ca. 280–200 v.Chr.) verstand es, den Umfang der Erdkugel zu berechnen. Aber kein eindeutiges Sternwartengebäude wurde aus der Zeit der griechisch-römischen Antike gefunden. Nur von zwei (Leucht-)Türmen kann man annehmen, daß sie zusätzlich für Himmelsbeobachtungen benutzt wurden: das sind der berühmte Pharos von Alexandria (ca. 300–279 v.Chr.), der in Zeichnungen rekonstruiert wurde, und die »Specularium« genannte Turmruine (ca. 30 n.Chr.), die zum Palast des Kaisers Tiberius auf Capri gehört.

Heiligtum und Beobachtungsplatz für vergöttlichte Gestirne – dies gilt für Stonehenge deutlich genug. Eine Reihe von anderen vor- und frühgeschichtlichen Monumenten wurde ebenfalls so gedeutet, teils weniger überzeugend. Das Vergleichsbeispiel in Deutschland waren und sind die Externsteine bei Horn-Bad Meinberg im Teutoburger Wald. Das Heiligtum bzw. die Beobachtungskammer im Kopf des Felsturmes Nr. 2 hat ebenfalls eine Achse nach Nordosten, zum Aufgangspunkt der Sonne am Tag der Sommersonnenwende hin. Diese Achse ist gegeben durch eine Nische, die ein Rundfenster über einem Altarständer hat. Bekanntlich bedeutete die Sommersonnenwende (auch) den alten Germanen ein heiliges Datum. Also eine Parallele zu Stonehenge? Streng genommen war an den Externsteinen bisher nie der Beweis dafür oder dagegen gelungen, daß die beschädigte Kammer (ihre Decke ist weggebrochen) schon in vorgeschichtlicher Zeit aus dem Felsen herausgemeißelt wurde. Vermutlich bestand hier ursprünglich eine natürliche Höhle. Sicher ist, daß diese Kammer in frühchristlicher Zeit (seit etwa 800 unter Kaiser Karl dem Großen) als Kapelle hergerichtet wurde, zusammen mit den Grotten im unteren Bereich. Ganz sicher waren die Externsteine von den alten Germanen verehrt worden, ebenso sicher wurden ihre »heidnischen« Kulte von den christlichen Missionaren umgewandelt.* Eine christliche Kapelle bedarf aber keiner Orientierung nach Nordosten. Erst vor kurzem konnte der Astronom Prof. Dr. Wolfhard Schlosser (Universität Bochum) durch neuartige Untersuchungen belegen: Die äußere Seite des Felsens um das Rundfenster (Sonnenloch) herum, also in beträchtlicher Höhe, zeigt tatsächlich vorgeschichtliche Bearbeitungsspuren. Diese sind in die Eisenzeit, also in das erste Jahrtausend v.Chr., zu datieren. Demnach war diese Kammer eben doch ein vorgeschichtliches Sonnenheiligtum gewesen, geeignet dazu, das Datum der Sommersonnenwende vorherzubestimmen.

In Amerika sind zahlreiche präkolumbische Bauwerke nach bestimmten Richtungen zum Horizont hin orientiert. Das älteste derartige, das als »Observatorium« bezeichnet wird, ist der Tempel J auf dem Plateau des Monte Albán in Mexiko, im Staate Oaxaca. Er wird in die Zeit 250 v.Chr. datiert und ist mit seinem pfeilförmigen Grundriß nach Südwesten gerichtet, wahrscheinlich nach den Untergangspunkten von bestimmten Sternen.

* Mundhenk, Johannes: Externsteine. Lippische Sehenswürdigkeiten. Heft 2. 4. Auflage. Lemgo 1984

Die Priester der Maya hatten beachtliche mathematische und astronomische Kenntnisse. Vermutlich benutzten sie auch den auffallenden, in der Meridianlinie orientierten Turm im zentralen Palast von Palenque in Mexiko, Chiapas. Diese Stadt des Alten Reiches der Maya wurde angeblich 642 n. Chr. gegründet. – Ein echtes Observatorium, offenbar das bedeutendste im Neuen Reich der Maya, war der wegen der Wendeltreppe im Inneren »Caracol« (Schnecke) genannte Rundturm in Chichén Itzá in Mexiko, Yucatán. Die beiden zugehörigen Terrassen wurden ab etwa 800 n. Chr. errichtet. Visierlinien aus einer rechteckigen Beobachtungskammer wiesen nach Westen und nach den äußersten Untergangspunkten des Planeten Venus.*

* Aveni, Anthony F.: Archaeoastronomy in Pre-Columbian America. Austin, University of Texas Press 1975

Die Inka hatten an wichtigen Orten im alten Peru (Cuzco, Pisac u. a.) sog. »Intihuatana« eingerichtet, Sonnen-Observatorien in Verbindung mit der Verehrung des Sonnengottes. Das einzige unbeschädigt erhaltene befindet sich in Machu Picchu weit östlich in den Anden, auf einer Höhe von rund 2400 m. Eine eigenartige Skulptur auf der Plattform eines heiligen Hügels wurde um 1450 aus dem Felsen herausgehauen und diente als Schattenwerfer, als Sonnenuhr. Mit seiner Hilfe konnten die Mittagszeit und die Sonnenwenden viel einfacher, aber auch ungenauer bestimmt werden als mit den ägyptischen Pyramiden.

Bei allen bisher beschriebenen Beobachtungsstätten wurden die Beobachtungen am Horizont gemacht und Visierlinien durch bestimmte Steinsetzungen oder Architekturelemente festgelegt: Markierungssteine, Mauerfluchten, Kanten, Ecken oder Fensterrahmen.

Die Araber übernahmen und überlieferten das astronomische Wissen der alten Griechen. In Bagdad (um 830), Kairo (um 980) und vor allem in Meragah in Persien (um 1260) richteten sie einige mehr provisorische Observatorien ein, die mit Astrolabien, Armillarsphären und Quadranten ausgerüstet waren und hauptsächlich religiös-kalendarischen Zwecken der islamischen Zeitrechnung dienten. Keines davon ist erhalten. Das herausragende Observatorium der islamischen Welt (außerhalb Indiens) war das von Samarkand in Usbekistan (um 1430).** Genau genommen war es das größte jemals gebaute Meridian-Instrument, vermutlich in Form eines Sextanten und teils unter der Erdoberfläche.

** Sayili, Aydin: The observatory in islam and its place in the general history of the observatory. Ankara 1960. New York, Arno Press 1981

In China hat die Astronomie eine außerordentlich lange Tradition: Auffällige Ereignisse am Himmel wie Sonnen- und Mondfinsternisse wurden seit Jahrtausenden verzeichnet, vielleicht schon seit etwa 2300 v. Chr. Ein Observatorium aus der Zeit der Han-Dynastie (206 v.–220 n. Chr.) wurde bei Hunan ausgegraben. Der älteste Sternwartenbau jedoch, der in Asien erhalten blieb, ist nicht in China, sondern im kulturell abhängigen Korea zu finden. Jener flaschenförmige, Chomsong-dae genannte Turm bei Kyongju in Süd-Korea stammt aus der Zeit um 640 n. Chr. und hatte eine astronomisch-astrologische Funktion wie die chinesischen Sternwarten auch.***

*** Po Sung Kim: A 7th-century Korean observatory. Sky and Telescope 50, April 1965, S. 229–230

Die erste Kaiserliche Sternwarte in Peking wurde um 1280 gegründet. Nach einer Zeit der Stagnation der praktischen chinesischen Astronomie wurden europäische Jesuitenmissionare ab 1673 damit beauftragt, Pekings Sternwarte neu zu organisieren. Diese war und blieb unter freiem Himmel aufgebaut auf jener Befestigungsmauer, die die innere, einst »Verbotene Stadt« umgibt. Die Jesuiten-Astronomen stellten zusätzlich Himmelskugel, Quadrant und Armillarsphäre auf.

Indien hatte eine eigene astronomisch-astrologische Tradition, die in die Hindu-Religion und andere Religionen eingebunden war. In Fatehpur Sikri bei Agra, der Residenzstadt des Mogulkaisers Akbar, steht der sog. Panch Mahal, eine fünfgeschossige Konstruktion von offenen Pfeilerhallen aus der Zeit um 1570. Es ist fraglich, ob dies ein Observatorium war, die oberste Plattform wäre zum Beobachten sehr geeignet gewesen. – Die fünf indischen Sternwarten in Delhi, Jaipur, Ujjain, Benares und Mathura entstanden seit 1719 dank dem persönlichen Interesse von Jai Singh II., Maharadscha von Jaipur, der selbst Astronom war. Er verzichtete bewußt auf Linsenfernrohre (erfunden in Holland 1608), daher sind seine Sternwarten die spätesten ohne vergrößernde Fernrohre. Das sehr komplizierte Yantar Mantar in Jaipur neben dem Palast des Maharadscha ist die großartigste der fünf Sternwarten. Sie besteht aus etwa 32 komplizierten Instrumenten aus Stein, mit Einzelteilen aus Metall, die höchste und auffälligste Konstruktion* ist die monumentale Sonnenuhr, genannt Samrat Yantra.

* Singh, Prahlad: Stone Observatories. Jantar-Mantars of India. Benares 1978

Die Beobachtungsplätze oder Observatorien bei den alten Hochkulturen lagen in der Regel unter freiem Himmel:

- abgegrenzte Plätze: Stonehenge, Jaipur
- erhöhte Plattformen auf Pyramiden: Stufenpyramiden in Mesopotamien und Mexiko
- künstliche Plattformen auf Bergen: Monte Albán, Pisac, Machu Picchu
- erhöhte Terrassen auf einer Mauer: Peking
- (Leucht-)Türme: Alexandria? Capri?

Die Beobachter brauchten oder bevorzugten also erhöhte Standorte für ihre tragbaren Instrumente: Plattformen auf Pyramiden, Tempelpylonen (in Ägypten) und sicher häufig vorhandene Türme. Die frühesten erhaltenen Bauten in Stein, die vermutlich oder sicher für kalendarische und/oder astronomische Zwecke errichtet wurden, waren Türme: Kyongju, Palenque, Chichén Itzá.

In der späteren Geschichte der Sternwarten-Architektur waren Türme zu bestimmten Zeiten deutlich vorherrschend. Der späteste ausdrücklich wegen einer Kalender-Reform erbaute Turm war der »Turm der Winde« in der Vatikanstadt (1576–79). Dessen Meridianzimmer wurde geschaffen um zu demonstrieren, daß der Julianische Kalender, eingeführt von Julius Caesar 46 v.Chr., nicht mehr stimmte.

II. Europäische Sternwarten ca. 1500–1950

Es ist ungeklärt, ob die Baumeister und Ratgeber von Kaiser Karl dem Großen in der Residenzstadt Aachen um das Jahr 800 eine richtige Sternwarte zur Verfügung hatten. Hermann Weisweiler vermutete sie im sog. Grannusturm, einst Ostturm von Karls Kaiserpfalz, später Ostturm des gotischen Rathauses.* Weisweiler fand ein kompliziertes System von astronomischen Visierlinien in und um den – ursprünglich karolingischen – Aachener Dom, die aber umstritten sind. Im Mittelalter waren astronomische Beobachtungen eher unterbrochen, andererseits wurden aber bestimmte astronomische Traditionen aus der Antike (hauptsächlich Ptolemäus) von den Arabern überliefert. König Alfons X. von Kastilien beauftragte um 1250 einen arabischen Astronomen mit der Erarbeitung von Planetentafeln, den sog. Alfonsinischen Tafeln.

Ein wirklicher Neubeginn mit praktischer Astronomie wurde in Mitteleuropa vor 1500 gemacht, in der Zeit der frühen Renaissance. Die ersten Beobachter waren teils vermögend, teils adelig und beobachteten aus eigenem Interesse: Regiomontanus und Bernhard Walther in Nürnberg, Landgraf Wilhelm IV. von Kassel und Tycho Brahe. Die frühesten Beobachtungsplätze waren nur Kammern mit Fenstern (Nürnberg, Albrecht-Dürer-Haus, 1502) und Terrassen (Kassel, Landgrafenschloß, um 1560). Immerhin wurden die beiden Anbauten am Kasseler Landgrafenschloß mit den Terrassen darüber ausdrücklich für Himmelsbeobachtungen erbaut, und zwar für die »erste fest eingerichtete Sternwarte Europas in der Neuzeit«.** Die damaligen Instrumente waren hauptsächlich Quadranten, Sextanten, Astrolabien und Himmelskugeln zum Messen der Positionen der Gestirne. Diese erste Kasseler Sternwarte bestand nur solange der Astronom (Landgraf) lebte.

Grundsätzlich waren die Observatorien dieser Zeit meist einem einzigen Manne zu verdanken, seinem Interesse an Forschung und seinen Geldmitteln. Sie endeten meist mit seinem Tode (vgl. auch Samarkand und Jaipur). Auch der dänische Adlige Tycho Brahe, der den Kasseler Landgrafen besucht hatte und ein hervorragender Beobachter war, konnte seine Pläne nur mit Hilfe seines Königs Friedrich II. von Dänemark verwirklichen, der dadurch einer der ersten Förderer der Astronomie wurde.

Tycho Brahe schuf das erste wirkliche Sternwartengebäude in Europa nach dem Mittelalter: die »Uranienburg« auf der Insel Hven nordöstlich von Kopenhagen (1576–81), Sternwarte und Wohnhaus zugleich, umgeben von einem Park und einer quadratischen Befestigungsmauer. Tychos Uranienburg war schon erstaunlich fortschrittlich: isolierte Lage in einem eigenen Park, kreuzförmiger Grundriß entsprechend den vier Haupt-Himmelsrichtungen, steinerne Stützpfeiler unter den Instrumenten. Geradezu modern war die Sternenburg von 1584, Tychos zweites Observatorium auf dieser Insel. Für jedes Instrument gab es eine runde Vertiefung im Erdboden und ein kuppel- oder zeltähnliches Schutzdach darüber.

Die ersten Sternwarten, die in Europa zwischen 1560–1700 entstanden, waren ganz verschieden. Die älteste Turm-Sternwarte ist der

* Weisweiler, Hermann: Das Geheimnis Karls des Großen. Astronomie in Stein: der Aachener Dom. Bertelsmann, München 1981

** Mackensen, Ludolf von: Die erste Sternwarte Europas mit ihren Instrumenten und Uhren. Callwey, München 1979

Turm der Winde im Vatikan (1576–79), der in den Vatikanischen Palast einbezogen und für die Kalenderreform des Jahres 1582 von Papst Gregor XIII. erbaut wurde. Die Vatikanische Sternwarte (Specola Vaticana) ist die erste nicht private, sondern institutionelle Sternwarte Europas und besteht bis heute am Päpstlichen Sommerpalast in Castel Gandolfo.

Die vergrößernde Wirkung von Glaslinsen war schon den alten Griechen bekannt, bestimmt in Alexandria zur Zeit der Ptolemäer-Dynastie. Das Linsenfernrohr wurde angeblich 1608 von Hans Lipperhey in Middelburg in Holland erfunden, bald darauf von Galileo Galilei in Padua und dann in Florenz in die astronomische Arbeit eingeführt. Galilei war der erste Mensch, der die Mondkrater, die Monde des Jupiter und den Ring des Saturn gesehen hat. Solange die Linsenfernrohre (= Refraktoren) noch klein waren, hatten sie keinen Einfluß auf die Konstruktion von Sternwarten.

Die älteste Universitäts-Sternwarte Europas wurde 1633 in Leiden in Holland gegründet und mit provisorischen, hölzernen Beobachtungsplattformen auf dem Dach des alten Universitätsgebäudes ausgestattet.

Der merkwürdige Runde Turm in Kopenhagen (1637–42) hatte eine Doppelfunktion als Kirchturm und Sternwartenturm. Eine untypische, wendelförmige Rampe für Reiter im Inneren umgibt einen eigenartigen, durchgehenden Schacht. Vielleicht wollte der Architekt Jan van Steenwinkel d. J. hier seine Vorstellungen von den beiden berühmten verlorenen Türmen des Altertums verwirklichen: dem Turm von Babylon und dem Leuchtturm von Alexandria.* Jedenfalls erhielten mehrere weitere Sternwarten einen ähnlichen Schacht, dessen ursprünglicher Zweck unbekannt ist.

Ein solcher Schacht, doppelt so hoch wie das Gebäude selbst, ist das auffallende Merkmal an der (einst Königlichen) Sternwarte Paris (1667–72). Man beabsichtigte oder versuchte, ihn als starres, zum Zenit gerichtetes Fernrohr zu benutzen, was sinnlos gewesen wäre. Immerhin stellt der Schacht nach unten über eine Wendeltreppe eine Verbindung zu den Pariser Katakomben her. Das stattliche barocke Pariser Observatorium wurde von Claude Perrault nach den Wünschen des prachtliebenden Königs Ludwig XIV. erbaut. Perrault hatte keine ausreichende Vorstellung davon, was ein Astronom damals für erforderlich hielt. Nach heftigen Meinungsverschiedenheiten mit dem ersten Königlichen Astronomen Giovanni Domenico Cassini wurde schließlich als Kompromiß im zweiten Obergeschoß ein großer Beobachtungssaal eingerichtet, mit hohen Fenstern nach Süden und einer im Fußboden eingelegten Meridianlinie (ähnlich der im Meridianzimmer der Vatikanischen Sternwarte). Die Richtung nach Süden war damals und noch lange Zeit die bevorzugte Richtung für Himmelsbeobachtungen (Beobachtungen in der Meridianlinie und überhaupt). Außerdem hatte Cassini das flache Dach seiner Sternwarte für tragbare Instrumente zur Verfügung. Zu seiner Zeit hatten die Linsenfernrohre außerordentlich lange Brennweiten, um farbige Ränder zu vermeiden. Sie wurden häufig außerhalb der Gebäude unter freiem Himmel benutzt. Johannes Hevelius ließ sich in Danzig eine hölzerne Plattform auf den Firsten von drei benachbarten Häu-

* Klamt, Johann-Christian: Der Runde Turm in Kopenhagen als Kirchturm und Sternwarte. Zeitschrift für Kunstgeschichte 38, 1975, S. 153–170

sern errichten. Georg Ch. Eimmart benutzte eine erhöhte Bastion an der Nürnberger Burg.

Als wissenschaftliche Einrichtung, verbunden mit der Französischen Akademie der Wissenschaften, wurde das Pariser Observatorium Vorbild für die Sternwarten in Greenwich, Berlin und St. Petersburg. Das viel bescheidenere Königliche Observatorium Greenwich (1675–76) wurde für einen wichtigen Zweck gegründet: Ausbildung in Astronomie war notwendig für die Navigation auf See, denn für die Seefahrer war damals die Bestimmung der geographischen Länge ein Problem. Außerdem wurde Greenwich wichtig durch seinen Zeitdienst und 1884 wurde die Meridianlinie, die durch ein bestimmtes Transit-Instrument hier verläuft, zum Null-Meridian für die ganze Erde erklärt.* Durch die Verbindung mit einer Seefahrtsschule war das Observatorium Greenwich dann Vorbild für die Sternwarten in Hamburg, Bremen, Kapstadt, Washington (US Marine-Observatorium) und La Plata in Argentinien.

Im ganzen 18. Jahrhundert, zur Zeit des späten Barock und des frühen Klassizismus, wurden fast alle Sternwarten als Türme errichtet. Solche wurden gegründet in Jena (Universität, 1697), Berlin (Akademie-Sternwarte, 1700), Bologna (1712), St. Petersburg (1718), Prag (Klementinum, 1721), Ingolstadt (1725), Breslau (1728), Kremsmünster (1748), Mannheim (1772), Oxford (Radcliffe-Observatorium, 1772), Kassel (Zwehrenturm, 1779), Budapest (Königliches Schloß, um 1780) und Rom (Collegio Romano, 1787). Der Grund war recht einfach: Die Beobachter brauchten einen erhöhten Standort innerhalb der meist befestigten Städte. Manchmal übernahmen sie einen passenden Turm (von einer Befestigung): Kassel, Göttingen, Ochsenhausen (Württemberg, 1788) und Brüssel (1826). Im obersten Stockwerk dieser Türme benutzten die Beobachter kleine, transportable Instrumente, die wenn möglich auf einen Balkon oder eine Terrasse hinausgeschoben wurden.

Während des 18. Jahrhunderts waren die Astronomen des Jesuitenordens deutlich führend. Sie hatten ihre astronomische Tätigkeit in Rom im Dienste der Päpste begonnen und ließen die genannten Sternwarten in Prag, Ingolstadt, Breslau, Wien (1755), Mannheim, Budapest und Rom errichten. Außerdem trugen europäische Jesuiten-Missionare und -Astronomen ihre wissenschaftlichen Kenntnisse weit in die Welt hinaus, in östlicher wie in westlicher Richtung. In China hatten sie die Sternwarte Peking 1673–76 reorganisiert. In den Vereinigten Staaten gründeten sie in Washington-Georgetown 1841 eines der ältesten Observatorien dieses Landes.

Der Benediktinerorden pflegte ebenfalls Wissenschaft und Lehre und schuf die Sternwarten in Kremsmünster und Ochsenhausen. Der 50 m hohe Mathematische Turm, der die Klostergebäude in Kremsmünster überragt, wurde als »Europas ältestes Hochhaus« bezeichnet. Dieser Sternwartenturm ist der größte aus der Barockzeit, alle seine Stockwerke sind (bis heute) mit reichen Kunst- und naturwissenschaftlichen Sammlungen gefüllt. Eine solche Sammlung wurde »Kunst- und Raritäten-Kammer« genannt, die Grundidee war ein Universalmuseum. Vergleichbare Sammlungen bzw. Kammern bestanden in St. Petersburg und Kassel (Museum Fridericianum mit Zweh-

* Howse, Derek: Greenwich Observatory. The Royal Observatory at Greenwich and Herstmonceux 1675–1975. Band 3: The buildings and instruments. Taylor and Francis, London 1975

renturm). Beide waren ebenfalls mit einem Sternwartenturm verbunden.

Die Türme in Kremsmünster und Mannheim haben nach dem Vorbild des Runden Turmes in Kopenhagen einen Schacht, dessen Sinn und Zweck unklar ist, denn erst nach 1851 konnte man darin den Pendelversuch von Léon Foucault wiederholen. Für diesen Zweck verwendete man ähnliche Schächte in zwei späteren Türmen: im Turm des Physikalischen Vereins (bzw. der Volks-Sternwarte) in Frankfurt (1904–06) und im Meteorologischen Turm des Deutschen Museums in München (gegründet 1903).

1750 erfand der Optiker John Dollond in London das achromatische Linsenfernrohr, dessen Objektivlinse aus zwei verschiedenen Glassorten (Kron- und Flintglas) zusammengesetzt ist, um störende Farbränder zu vermeiden. Damit endete die Ära der überlangen Fernrohre. Die Refraktoren wurden kürzer, dafür aber dicker, schwerer und heikler. In den beiden Jahrzehnten 1806–26 lieferte Joseph Fraunhofer in München die besten achromatischen Objektivlinsen seiner Zeit.

Dieser Fortschritt bei der Herstellung von Linsenfernrohren bedeutete für die Sternwartenarchitektur geradezu eine »Revolution«. Die Türme wurden unmöglich. Die Sternwartengebäude mußten im Gegenteil niedrig sein, um eine möglichst solide Aufstellung der Fernrohre auf einem dicken, tief im Erdboden fundierten Pfeiler zu ermöglichen. Die Stockwerke wurden auf eines oder zwei vermindert, die Sternwartengebäude wurden langgestreckt und in der Regel wegen der Meridian-Instrumente streng in West-Ost-Richtung orientiert. Diese grundsätzlichen Veränderungen wurden etwa 1770–1810 verwirklicht, zu einer Zeit, als sich der Architekturstil vom späten Barock zum Klassizismus wandelte. Dem klassizistischen Stil entsprechend sind die Sternwartengebäude symmetrisch und haben eine Kuppel in zentraler Lage.

Die echte Sternwartenkuppel, halbkugelförmig und mit Hilfe von Rädern oder Rollen auf einer kreisrunden Schiene drehbar, ist angeblich eine Erfindung des französischen Ingenieurs Louis Godet (1732).* Gedreht wird mit einer Kurbel, die mit einem Zahnrad in eine gezähnte, runde Schiene entlang der Grundlinie der Kuppel greift. Kleine, fast halbkugelförmige Kuppeln gab es auf den Sternwartentürmen Kremsmünster und Mannheim, außerdem auf dem Flachdach des Observatoriums in Richmond, Mittel-England (1769). Dieses Observatorium ist offensichtlich das erste des neuen, klassizistischen Typs: nur zwei Stockwerke hoch.

Das Dunsink-Observatorium bei Dublin (1783–85) ist äußerlich sehr ähnlich**, aber hier wurden entsprechend den Vorschlägen des dortigen Astronomen Henry Ussher, zum erstenmal in der Geschichte der Sternwarten drei Neuerungen verwirklicht: beträchtliche Entfernung von der Stadt, eine größere, echte drehbare Kuppel, ein dicker Stützpfeiler für das Instrument in dieser Kuppel. Dieser Pfeiler ist tief im Erdboden fundiert, von einer Rundmauer umgeben und dadurch von der Wendeltreppe bzw. allen Böden oder Decken vollständig isoliert, um Erschütterungen vom Gebäude her auf das Fernrohr zu vermeiden.

* Das Weltall. 28, 1929, S. 88

** Wayman, Patrick A.:
Dunsink Observatory,
1785–1985.
A bicentennial history.
Dublin 1987

Die Entfernung von der Stadt war sicher günstig, wurde jedoch erst hunderte Jahre später allgemein üblich. Aber die bautechnische Aufstellung der Instrumente wurde für die folgenden Sternwarten zur Regel, mit einigen Ausnahmen natürlich.

Die erste Sternwarte dieses niedrigen, klassizistischen Typs in Deutschland war offensichtlich die auf dem Seeberg bei Gotha in Sachsen (1787–91), diese frühe Berg-Sternwarte wurde aber später aufgegeben. Der mittlere Bauteil war in West-Ost-Richtung angelegt, nur eingeschossig und hatte einen Rundturm mit Kuppel über der Mitte. Der Grundriß war zur U-Form erweitert: Zwei Flügel (zwei Stockwerke hoch) waren rechtwinklig nach Norden angefügt.*

Diese Grundform übernahm der Architekt Georg H. Borheck für die Göttinger Sternwarte (1803–16). Die beiden Flügel nach Norden waren ursprünglich für Wohnungen gedacht. Im mittleren Bauteil waren Meridiansäle beiderseits der Eingangshalle angeordnet, die dafür notwendigen vertikalen Einschnitte schienen den Architekten an der Außenmauer zu stören. Nur ein wichtiger Bauteil war völlig anders als bei der Seeberg-Sternwarte: Der dicke Stützpfeiler unterhalb der Kuppel fehlt, weil er in der Eingangshalle gestört hätte. Stattdessen entschied sich Borheck für ein anderes Stützsystem, nämlich für ein Gewölbe (Flachkuppel), das ebenso tragfähig, aber unauffällig ist. Diese Idee war revolutionär, aber nicht neu. Das Pariser Observatorium hat in allen Stockwerken Gewölbe und manche Sternwartentürme auch: Kopenhagen, Bologna, Mannheim. Borhecks Gewölbesystem unter der Sternwartenkuppel wurde für folgende Sternwarten übernommen: Pulkowo bei St. Petersburg (1835–39), Potsdam (1874–79), Straßburg (1877–82, sog. Refraktorbau), Berlin Urania (1888–89).

Die Flügel einer Sternwarte waren entweder für Meridianräume bestimmt (Oxford, Dublin, Zürich, 1861–64) oder für Wohnungen (Seeberg, Göttingen und viele folgende). Die Flügel des Sternwartenturmes in Oxford (1772–78) waren die frühesten ausgeprägten Meridianflügel überhaupt. Vorausgegangen war der separate, längliche Meridianbau in Greenwich (seit 1749), der vom Königlichen Astronomen James Bradley angelegt wurde.

Seit dem Ende des 18. Jahrhunderts entstanden Grundrisse in L-, U-, T- und H-Form und später besonders in Kreuzform. Sternwarten mit L-Grundriß waren Dublin, Zürich und außerdem Leipzig (1860–61), mit U-Form Seeberg, Göttingen, München-Bogenhausen (1816–19), Cambridge in England (1820–23) und später Berlin-Treptow (1908–09). Der Grundriß der Sternwarten Pulkowo und Brüssel-Uccle (1883–91) verbindet ein U mit einem Kreuz. Als nächste wurde die T-Form eingeführt: Neapel-Capodimonte (1812–20), Edinburgh Blackford Hill (1892–96) und Berlin-Babelsberg (1911–15). H-Form, eine Verdoppelung der U-Form, hat Kapstadt (1820–28). Mehrere klassizistische Sternwarten, meist königliche oder kaiserliche, haben eine repräsentative Säulenvorhalle vor dem Haupteingang, meist an der Südseite: Neapel**, Edinburgh Calton Hill, Cambridge, Kapstadt, Pulkowo.

Die erste Sternwarte mit kreuzförmigem Grundriß ist die in Turku in Finnland (1816–18). Aber dieser eigenartige Bau mit einer

* Marold, Th. und Strumpf M.: Astronomie in Gotha. 1. Die Seebergsternwarte. Die Sterne (Leipzig), 56, 1980, S. 160–169

** Ministero della Pubblica Istruzione: Osservatori Astrofisici – Astronomici e Vulcanologici Italiani. Rom 1956

bloß dekorativen »Kuppel« aus Stein war wenig funktionsgerecht. Edinburghs erste Königliche Sternwarte auf dem Calton Hill (1818–24) war nicht viel besser. Die kleine, halbkugelförmige Kuppel aus Metall ist die Bekrönung eines repräsentativen »Tempels der Astronomie« mit dem Grundriß eines regelmäßigen Kreuzes. An allen vier Seiten ist eine Säulenvorhalle angefügt. Der westliche und der östliche »Flügel« wurden, kaum ausreichend, für Meridian-Instrumente hergerichtet. Der dritte Bau in dieser Reihe von repräsentativen, aber wenig brauchbaren Sternwarten ist die in Athen (1842–46). Wie bereits bei den Sternwarten Göttingen und Edinburgh versuchte der Architekt (hier Theophil Hansen), die notwendigen senkrechten Einschnitte für die Transit-Instrumente am Ost- und Nordflügel und besonders den an der Kuppel zu kaschieren. Diese ist zwar halbkugelförmig und funktionsfähig, aber mit klassischen Ornamenten und sogar mit einer Verzierung auf dem Scheitel versehen! Athens Sternwarte ist ein schönes Bauwerk im klassizistischen Stil, der Akropolis recht nahe, aber entmutigend für Astronomen!

Die Königliche Sternwarte in Berlin (1832–35) dagegen war sowohl repräsentativ als auch funktionsgerecht für die damalige Zeit. Karl F. Schinkel, oberster Baumeister in Preußen, entwarf eine klare Raumaufteilung auf einem Grundriß in Form eines lateinischen Kreuzes. Der Kreuzgrundriß war erst notwendig geworden, als ein Transit-Instrument genau in der West-Ost-Linie (im sog. ersten Vertikal) eingeführt wurde, das man dann in einem zusätzlichen Flügel, meist an der Nordseite wie hier in Berlin, aufstellte. Dieser Kreuzgrundriß wurde vorbildlich bis zum Ende des 19. Jahrhunderts.

Der damals größte Refraktor der Welt, hergestellt von Fraunhofer und seinen Mitarbeitern, befand sich im Observatorium Dorpat (1811) in Estland (heutiger Name der Stadt Tartu). Dieses wertvolle Instrument mit seiner 24 cm-Objektivlinse war »nur« in einem hölzernen, vieleckigen, drehbaren Turm aufgestellt, der allerdings im östlichen Europa zum Vorbild wurde. Als der deutsche Astronom Friedrich G. W. Struve von Dorpat nach Pulkowo bei St. Petersburg berufen worden war, konnte er die Pläne für die Haupt-Sternwarte des Zarenreiches beeinflussen. Die Sternwarte Pulkowo (1835–39) hatte ursprünglich drei runde Turmaufsätze ähnlich dem von Dorpat. Struve konnte den nächsten großen Refraktor mit einer 38 cm-Objektivlinse erwerben*, so daß das Observatorium Pulkowo für kurze Zeit als die »astronomische Hauptstadt der Welt« geschätzt wurde.

Der deutsche Astronom Friedrich W. Argelander und der deutsche Architekt Carl L. Engel konnten ihre am Observatorium von Turku begonnene Zusammenarbeit an der Sternwarte Helsinki (1831–34) fortsetzen, nachdem Helsinki zur neuen Hauptstadt Finnlands erklärt worden war. Diese Sternwarte gelang wesentlich funktionsgerechter. Sie hat einen Kreuz-Grundriß, und die drei runden Türme bzw. Aufbauten waren die Vorbilder für die drei an der wenig späteren Sternwarte Pulkowo.

Argelander bevorzugte offensichtlich diese runden hölzernen Aufbauten, obwohl er Schinkels Sternwarte in Berlin kannte. Als man eine neue Sternwarte in Bonn (1839–45) plante, berief man Argelander als Direktor hierher. Der einheimische Architekt Peter J. Leydel

* Hartl, Gerhard: Der Refraktor der Sternwarte Pulkowo. Sterne und Weltraum (Heidelberg), 26, 1987, Nr. 7/8, S. 397–404

zeichnete die Pläne, und Schinkel veränderte sie maßvoll. Das Ergebnis ist von Helsinki und von Berlin beeinflußt. Die Bonner Sternwarte bekam nicht weniger als sieben (!) runde Türme bzw. Aufbauten: einen hohen in der Mitte und sechs kleinere, seitliche (einer davon wurde nicht vollendet). Diese hölzernen Zylinder waren ziemlich bald veraltet, aber trotzdem bis etwa 1960 in Gebrauch. Ein drehbarer Zylinder mit flachem oder kegelförmigem Dach ist nur dann eine Alternative zur drehbaren Kuppel, wenn er aus Metall besteht. Daher wurden nur einige wenige noch erheblich später konstruiert, und zwar an der Sternwarte Edinburgh-Blackford Hill (1892–96) und am Radcliffe-Observatorium bei Pretoria (1937–48).

Der Stützpfeiler in der Mitte der Bonner Sternwarte ist ziemlich hoch und überhaupt nicht von den Böden bzw. Decken des Gebäudes isoliert wie an der Sternwarte Dublin, außerdem trägt er eine Wendeltreppe – dadurch konnten sich Erschütterungen bis auf das Fernrohr oben übertragen. Deshalb wurde bei den späteren Universitäts-Sternwarten in Kopenhagen (1859–61) und in Wien (1874–80) die Wendeltreppe von dem zentralen Stützpfeiler entfernt. Man befestigte sie innen an der runden Mauer, die den Pfeiler umgibt und die Hauptkuppel trägt.

Im 19. Jahrhundert wurde für Sternwarten ein Grundriß in Form eines lateinischen Kreuzes zur Regel. Solche Sternwarten waren die in Turku, Berlin, Bonn, Athen (eine Variante) und die erwähnte Universitäts-Sternwarte in Wien-Währing. Spätere sind das Astrophysikalische Observatorium in Potsdam (1874–79), die Kuffner-Sternwarte in Wien-Ottakring (1884–86) und der Thompson-Bau in Greenwich (1891–99), ein großer Ziegelbau im Viktorianischen Stil. In dieser Zeit des Historismus dominierten Repräsentation, Verzierung und architektonischer Effekt noch über den technischen Apparat und die Bedürfnisse der Astronomen. Dies änderte sich nach 1880 allmählich.

Aus dieser Reihe ragt die Wiener Universitäts-Sternwarte hervor, denn sie ist das größte und aufwendigste Sternwartengebäude in ganz Europa. Ihr Grundriß in Form eines lateinischen Kreuzes wurde offensichtlich von Schinkels Berliner Sternwarte übernommen, aber um 90 Grad gedreht, vergrößert und bis zum Äußersten entwickelt. Zum letztenmal wurde eine große Direktorswohnung im Hauptgebäude untergebracht. Die beiden Theaterarchitekten Ferdinand Fellner und Hermann Helmer erbauten hier ein aufwendiges Treppenhaus, das eines Theaters würdig wäre. So entstand ein Baudenkmal ganz im Stil der Wiener Ringstraße, das aber zu groß war, und da die Direktorswohnung natürlich geheizt wurde, entstanden Luftströmungen, die die Beobachtungen beeinträchtigten.

Diese Wiener Sternwarte markiert den Wendepunkt in der Architektur der Observatorien. Die weitere Entwicklung führte zu einer Verkleinerung und folgerichtig zu einer Aufteilung des (Haupt-) Gebäudes. Das gleichzeitig entstandene Astrophysikalische Observatorium in Potsdam hat weniger Baumasse und ist weniger repräsentativ.* Für astrophysikalische Forschungen benötigte man keine Meridiansäle oder -flügel mehr, so daß man die bisher notwendige Nord-Süd-Orientierung aufgeben konnte. Trotzdem wurde das Pots-

* Wempe, Johann: Zum 100. Jahrestag der Gründung des Astrophysikalischen Observatoriums Potsdam. Potsdam 1975

damer Observatorium noch der Tradition entsprechend mit einem orientierten Kreuzgrundriß angelegt. Eine neue Kategorie von Observatorien war zwar entstanden, aber hier noch nicht erkennbar. 1875 wurden zwei weitere Astrophysikalische Observatorien gegründet: das Lick-Observatorium auf dem Mount Hamilton in Kalifornien und das Observatorium in Meudon bei Paris, beide sind nicht mehr orientiert.

Die Universitäts-Sternwarte Straßburg (1877–82) war als erste deutsche Sternwarte konsequent in drei Teile bzw. einzelne Bauten aufgeteilt, die durch gedeckte Korridore verbunden sind. Der Architekt Hermann Eggert beeinflußte auch die Remeis-Sternwarte in Bamberg (1886–89), wo nur zwei Bauten, Wohnhaus und eigentliche Sternwarte, durch einen Korridor verbunden sind. Diese Verbindungsgänge waren nicht unbedingt nötig. Sinnvoll ist das System der gedeckten Korridore am Observatorium Brüssel-Uccle (1883–91), diese sind symmetrisch angelegt und verbinden alle ursprünglichen Bauteile miteinander.

Die Straßburger Sternwarte, ursprünglich unter deutscher Leitung, wurde von der Sternwarte auf dem Mont Gros bei Nizza (1879–86) beträchtlich übertroffen[*], denn der Wettbewerb zwischen Frankreich und Deutschland spielte nach dem Krieg von 1870/71 eine wichtige Rolle. Zwei berühmte Architekten aus Paris schufen ein gemeinsames Werk: Charles Garnier, der die Pariser Oper erbaut hatte, und Gustave Eiffel, dessen Name durch den Eiffelturm bekannt ist. Dieser Ingenieur konstruierte für das Observatorium Nizza die große eiserne Kupel mit 26 m Durchmesser. Der 76 cm-Refraktor darin war bei seiner Vollendung 1886 der größte der Welt (nur für zwei Jahre). An diesem großartigen Observatorium wurden erstmals in Europa moderne Neuerungen eingeführt, aber diese französische Sternwarte erreichte nicht ganz ihr Vorbild, das Lick-Observatorium in Kalifornien, das Vorbild für alle modernen, beständigen Berg-Observatorien überhaupt. Dort in Kalifornien wurden folgende Neuerungen ohne Einschränkung verwirklicht: Lage in einem südlichen, trockenen Klima, weite Entfernung von der nächsten Stadt, erhöhte Lage auf einem Berg, Aufteilung in mehrere Bauten, für jedes Instrument einer. Das Observatorium Nizza ist nicht weit von der Stadt entfernt und liegt nicht besonders hoch, aber an der Französischen Riviera doch wesentlich vorteilhafter als viele ältere Sternwarten in den nordeuropäischen Ländern. Damit hatte ein Trend in den Süden und in größere Höhen begonnen.

Früher wurde die Lage am Südrand einer Stadt beorzugt: Paris, Greenwich (im Südosten von London); Helsinki, Berlin, Pulkowo (weit südlich von St. Petersburg) und dann noch Brüssel-Uccle. Die Astronomen brauchten freie Sicht besonders zum Südhimmel und beobachteten auf der Meridianlinie die sog. Meridiandurchgänge von Sternen im Zusammenhang mit Zeitbestimmungen. Die Sternwarten der großen europäischen Hauptstädte markierten auch den Haupt-Meridian für ihr Land bzw. Königreich. Dies entfiel 1884, als der Haupt-Meridian des Observatoriums Greenwich zum Null-Meridian für die ganze Welt erklärt wurde. Die oben genannten Sternwarten (außer Pulkowo) wurden von den wachsenden Hauptstädten einge-

[*] Clorennec, A., u. a.: 1881–1981. Cent ans d'astronomie à l'Observatoire de Nice. Nizza 1981

holt und eingeschlossen, auch die nach 1880 zunehmende elektrische Beleuchtung bei Nacht machte sich nachteilig bemerkbar.

Also wurden neue Sternwarten nach dem Vorbild von Nizza angelegt, soweit es die örtlichen Verhältnisse zuließen: Edinburgh-Blackford Hill (1892–96, 133 m), Heidelberg-Königstuhl (1896–1900, 564 m), Barcelona Monte Tibidabo (1902–04, 414 m), Ondrřejov (1905–12, 528 m) bei Prag, Hamburg-Bergedorf (1906–12), Budapest Szabadság-hegy (1920–28, 474 m), Castel Gandolfo (1932–35, 426 m) bei Rom und Haute Provence (1936–42, 650 m) bei St. Michel in den Französischen Voralpen. Die Sternwarten auf dem Königstuhl, Monte Tibidabo und Szabadság-hegy liegen hoch über der Stadt und sind auch über eine Bergbahn zugänglich. Jedes Fernrohr bekam nun in der Regel einen eigenen (Kuppel-)Bau. Dadurch konnte das Fernrohr niedriger und noch solider aufgestellt werden. Zum Vergleich: die mittleren Stützpfeiler in der Bonner und in der Wiener Sternwarte sind zu hoch. In vielen (Universitäts-)Städten behielten die Astronomen ihre Sternwarte als Hauptgebäude für Verwaltung, Auswertung und Unterricht. Für wissenschaftliche Beobachtungen schufen sie sich eine entfernte und erhöhte Außenstation. Diese Teilung ist heute allgemein üblich, nachdem die Beobachtungsverhältnisse in den Großstädten durch künstliches Licht, Verkehr und Luftverunreinigung noch viel ungünstiger geworden sind.

Die geschilderte Entwicklung in Richtung Berg-Observatorien war auf die wissenschaftlichen Institute beschränkt. Im Vergleich dazu bedeutete die etwa gleichzeitige Einrichtung und Entwicklung der ersten Volks-Sternwarten einen Rückschritt. Aber da die wissenschaftlichen Observatorien in der Regel für Laien nicht zugänglich waren und zunehmend aus den Städten entfernt wurden, begann man um 1880 damit, das astronomische Wissen der Zeit in volkstümlichen Schriften darzustellen und anschauliche Beobachtungen interessierten Laien anzubieten. Der Pariser Astronom Camille Flammarion machte sich durch solche Schriften verdient und richtete 1882 eine Privat-Sternwarte in Juvisy südlich von Paris ein. Der Berliner Astronom Wilhelm Foerster gründete die Urania-Gesellschaft und die Urania Volks-Sternwarte in Berlin (1888–89) nahe dem Lehrter Bahnhof als erste Volks-Sternwarte überhaupt. Sie wurde, mit Vortragssaal und Bibliothek, als ein Institut für die Volksbildung vorbildlich. Es folgten die Volks-Sternwarten in Berlin-Treptow (1896 bzw. 1908–09), Zürich (1905–07), Wien (1909–10), München Deutsches Museum (1912–25), Stuttgart (1921–22), Prag (1928–33) und Jena (1909 bzw. 1937). Mehrere benannte man nach Urania, der Muse der Astronomie. Man siedelte diese Volksbildungs-Institute in der Stadtmitte an oder nicht weit weg davon, um dem Laienpublikum weite Wege zu ersparen, und errichtete, wie einst in der Barockzeit, in der Regel wieder Sternwartentürme, manchmal mit einem größeren Gebäudekomplex verbunden. Am Deutschen Museum in München wurde 1923 das erste Projektions-Planetarium der Welt, ein Patent der Firma Zeiss in Jena, vorgeführt. Die vorteilhafte Verbindung von Volks-Sternwarte mit Planetarium wurde mehrmals wiederholt (Jena*, Los Angeles u. a.). Das zentral gelegene Observatorium auf dem Calton Hill in Edinburgh wurde 1896 von den Berufs-Astrono-

* Schielicke, Reinhard: Astronomie in Jena. Historische Streifzüge. Jena, Erfurt 1989

men verlassen und dann allmählich in eine Volks-Sternwarte umgewandelt.

Aber auch einige Hochschul-Sternwarten entstanden um und nach 1900 als Turm-Sternwarten: Paris Sorbonne (1896–1901), Frankfurt/Main (1904–06), Dresden (1910–13) und Potsdam Einsteinturm (1920–24). Die Frankfurter Sternwarte gehörte zuerst dem Physikalischen Verein, dann der Universität und ab etwa 1960 den Amateur-Astronomen. Die bis etwa 1920 entstandenen Sternwartentürme sind im schmuckreichen Stil der Neurenaissance oder des Neubarock erbaut. Der Einsteinturm auf dem Gelände des Astrophysikalischen Observatoriums Potsdam gehört jedoch schon einer modernen, expressionistischen Stilrichtung an.

Der Bau einer Sternwarte war für einen Architekten ein außerordentlich seltener Auftrag. Darum konnte sich keiner auf diese Gebäudegattung spezialisieren. Es gab insgesamt nur vier deutsche Architekten, die zwei Observatorien bauten bzw. beeinflußten: Carl L. Engel (Turku und Helsinki), Karl F. Schinkel (Berlin und Bonn), Hermann Eggert (Straßburg und Bamberg) und Paul Spieker (Potsdam und Berlin Urania). Spieker beschäftigte sich gründlich mit der Geschichte der Sternwarten-Architektur und verfaßte darüber ein ausführliches Kapitel im »Handbuch der Architektur« (mehrere Bände, Darmstadt 1888).*

Bei den wissenschaftlichen Observatorien ging der Trend weiter nach Süden, auf die Südhalbkugel und ins Hochgebirge (über 2000 m Höhe). Zahlreiche Expeditionen und Beobachtungen auf provisorischen Stationen waren vorausgegangen, um aktuelle astronomische Ereignisse (Finsternisse und Durchgang der Venus vor der Sonnenscheibe) auch an fernen Orten zu beobachten. Englische Astronomen waren an der Gründung der Sternwarten Kapstadt (1820) und Pretoria (1937) wesentlich beteiligt. Charles Piazzi Smyth aus Edinburgh beobachtete schon 1856 auf Teneriffa hoch am Abhang des Pico de Teide, Jules Janssen aus Paris versuchte es um 1880 im Gebiet des Mt. Blanc in den Französischen Alpen.

Das erste bleibende Observatorium in einem europäischen Hochgebirge wurde bereits 1878, also noch ein Jahr früher als das Berg-Observatorium von Nizza, auf dem Pic du Midi (2865 m) in den Französischen Pyrenäen gegründet. Das Pic du Midi-Observatorium diente zunächst meteorologischen, astronomischen und botanischen Beobachtungen, nach dem Anschluß an die Universität Toulouse 1903 wurde die Station allmählich zu einem sehr gut ausgerüsteten astronomischen Observatorium ausgebaut. Die spätere Drahtseilbahn zum Pic du Midi begünstigte diese Entwicklung sehr.

Der Transport war natürlich das größte Problem bei der Planung eines Observatoriums im Hochgebirge. In den Alpen wurden 1912 zwei Zahnradbahnen für Touristen und Forscher fertiggestellt: zum Wendelstein (1838 m) in Oberbayern und zum weit höheren Jungfraujoch im Berner Oberland (Schweiz). Auf dem so zugänglichen Wendelstein gründete die Deutsche Luftwaffe 1936 eine Versuchsstation für Funk- und Radarstrahlen, die ab 1940 in ein Sonnen-Observatorium – das einzige astronomische Observatorium in den Deutschen Alpen – umgewandelt wurde. Ebenfalls 1936 wurde das Sphinx-

* Spieker, Paul: Sternwarten und andere Observatorien. Handbuch der Architektur. Herausgegeben von Josef Durm u.a. Darmstadt 1888. 4. Teil, S. 474–545

* Debrunner, Hermann:
50 Jahre Hochalpine
Forschungsstation
Jungfraujoch. Bern 1981

Observatorium auf einem steilen Gipfel (3573 m) oberhalb des Jungfraujochs angelegt. Der Gründer Alexander von Muralt hatte mehrere Arten von naturwissenschaftlichen Beobachtungen im Sinn*, daher steht das kleine Sphinx-Observatorium, mit nur einer Kuppel, neben einer Hochalpinen Forschungsstation. Es ist das am höchsten gelegene astronomische Observatorium Europas.

In der Slowakei konnte man immerhin Vergleichbares schaffen in der Hohen Tatra, dem höchsten Teil der Slowakischen Karpathen. Zuerst baute man von dem Ort Tatranská Lomnica aus eine Seilbahn und dann nahe der Bergstation das Observatorium Skalnaté Pleso (1941–43), 1743 m). Später verlängerte man die Seilbahn zum Gipfel bzw. zum Observatorium Lomnický Stít (1954–62, 2634 m), das im Gebäude der höheren Bergstation eingerichtet wurde. Der obere Abschnitt der Seilbahn und das obere Observatorium sind von Wind und Wetter abhängig.

III. Amerikanische Sternwarten ca. 1800–1950

Welche Sternwarten waren in Amerika die ersten seit der Kolonisation durch Europäer? In Bogotá, Kolumbien, ist der achteckige Sternwartenturm der dortigen National-Universität, erbaut 1803 im klassizistischen Stil, erhalten. Zu dieser Zeit wurden in Europa keine größeren Sternwartentürme mehr gebaut.

Für die Vereinigten Staaten hat Willis I. Milham diese schwierige Frage in einem Buch untersucht.** Wie in Europa um 1500 waren die frühesten Sternwarten der USA private Gründungen, anscheinend seit dem späten 18. Jahrhundert. Die meisten bestanden nur kurze Zeit. Als erstes ständiges Observatorium wurde 1830 das US Marine-Observatorium in Washington, D. C., gegründet. Anfangs bestand hier nur ein Depot für Instrumente und Zubehör, später eine provisorische Warte auf dem Kapitolhügel. Wie in Europa wurden zuerst vorhandene Häuser und Türme für Beobachtungen benutzt: der Athenaeum genannte Turm in New Haven, Connecticut (Yale-Universität), und das Dana-Haus in Cambridge, Massachusetts. Das älteste in den USA noch bestehende Sternwartengebäude ist das Hopkins-Observatorium in Williamstown, Massachusetts: ein achteckiger Turm mit zylinderförmigem Aufbau und zwei kurzen Meridianflügeln. Der Astronom Albert Hopkins ließ dieses Observatorium 1836 einrichten.

In der Frühzeit der Astronomie in Amerika wurden Instrumente in der Regel in Europa gekauft und Vorbilder für die Sternwartengebäude in Europa gesucht. Mehrere amerikanische Astronomen, z. B. James M. Gilliss, unternahmen Studienreisen nach Europa. Die ersten größeren, nicht privaten und wirklich wissenschaftlichen Observatorien wurden 1843–44 gleichzeitig nahe der Ostküste erbaut: das Harvard College-Observatorium in Cambridge, Massachusetts, die Universitäts-Sternwarte Georgetown und die erste US Marine-Sternwarte, beide in Washington. Alle drei Bauten hatten einen etwa würfelförmigen, zweigeschossigen Mittelteil mit halbkugelförmiger Kuppel und zwei Meridianflügel. Die alte Marine-Sternwarte hatte

** Milham, Willis I.:
Early American
observatories.
Which was the first
astronomical observatory
in America?
Williamstown, Mass. 1938

zusätzlich einen Südflügel, damit entsprach ihr T-förmiger Grundriß weitgehend dem der Bonner Sternwarte, die zur selben Zeit im Bau war. Das Observatorium in Cambridge hatte zwei Seitenpavillons und dadurch eine längliche Form. Alle drei Bauten hatten genau in der Mitte einen hohen, vollständig isolierten Pfeiler, der vom Erdboden bis zum Boden der Kuppel reichte, als Träger des Fernrohres. Diese Fundierung eines astronomischen Instruments, dazu die drehbare, halbkugelförmige Kuppel, waren als grundlegende Neuerungen am Dunsink-Observatorium in Dublin (1783–85) eingeführt worden, das geographisch gesehen das nächstgelegene europäische Vorbild für die frühen nordamerikanischen Sternwarten war.

Mehrere Jahrzehnte lang folgten amerikanische Sternwarten in Form und Baustil europäischen Vorbildern. Das erste Mexikanische National-Observatorium in Tacubaya (später ein Vorort von Mexiko-Stadt), 1884 begonnen, hat einen kreuzförmigen Grundriß, ähnlich wie der nördliche Teil der Wiener Universitäts-Sternwarte. Die Universitäts-Sternwarte La Plata in Argentinien wurde ein Jahr früher etwas moderner angelegt. Wegen der Lage in einer Tiefebene konnte man ein neues Prinzip von den Observatorien Mount Hamilton und Nizza übernehmen: die Aufteilung in mehrere Gebäude. Der Astronom Francisco Beuf und der Architekt Ulric Courtois waren französische Einwanderer, die von der um wenige Jahre früheren Sternwarte Nizza sicher eine Vorstellung hatten.

Das zweite, das heutige US Marine-Observatorium in Washington (1887–93) wurde von dem Architekten Richard M. Hunt im klassizistischen Stil erbaut. Das Hauptgebäude ist langgestreckt und hat am Westende einen Turm mit einer Kuppel obenauf. Alle Bauten für weitere Instrumente wurden abgetrennt bzw. nach und nach hinzugefügt.

Das Yerkes-Observatorium in Williams Bay, Wisconsin (1892–97), ein Institut der Universität Chicago, ist das größte Bauwerk von allen amerikanischen Sternwarten mit der damals – fast schon überholten – Grundrißform eines lateinischen Kreuzes. Alle Räume und Instrumente, drei Kuppeln und ein Meridiansaal, wurden in einem einzigen Gebäude untergebracht.

Die vier genannten Observatorien in Tacubaya, La Plata, Washington und Williams Bay wurden in einem repräsentativen, historistischen Stil erbaut, der im späten 19. Jahrhundert in Europa wie in Amerika vorherrschend war. Ein weiteres, späteres Beispiel ist das Allegheny-Observatorium in Pittsburgh (1900–12) mit seinem Neurenaissance-Stil. Drei Kuppeln verschiedener Größe sind miteinander verbunden, das Ergebnis ist ein (einmaliger) dreieckiger Grundriß. Das Allegheny-Observatorium wurde übrigens als letztes sowohl mit einem großen Refraktor (76 cm-Linse) als auch mit einem großen Reflektor (79 cm-Spiegel) ausgerüstet.

Das Yerkes-Observatorium hatte alle früheren Sternwarten mit dem bis heute größten Linsenfernrohr der Welt übertroffen. Andererseits war das Yerkes-Observatorium der Wendepunkt in der Entwicklung der amerikanischen Sternwarten-Architektur. Dieses eine Gebäude war eben zu groß, mit denselben Nachteilen, die die Wiener Universitäts-Sternwarte hatte. Der Yerkes-Refraktor konnte wegen des beträchtlichen Gewichtes seiner (doppelten) Glaslinse nicht mehr

Konstruktionen ohne Verzierungen. Die Kuppel auf dem Mount Palomar, von Russell Porter entworfen, hat einen inneren Durchmesser von 41,8 m. Damit übertrifft sie nur wenig zwei berühmte Kuppeln, die als Meisterwerke der Architektur gelten: die steinerne Kuppel des Petersdoms in Rom (41,4 m innerer Durchmesser) und die eiserne Kuppel des Kapitols in Washington (41,15 m äußerer Durchmesser). Aber die gewaltige Kuppel auf dem Mount Palomar erreicht nicht die Maße jener berühmten Kuppel der römischen Antike, der des Pantheons in Rom (ca. 112–120 n. Chr.), die 43,2 m Spannweite und Höhe (bis zum Scheitel der Kuppel) hat.

Das 5 m-Hale-Teleskop war lange das größte und leistungsfähigste in der westlichen Welt. Aber internationaler Wettbewerb war zu allen Zeiten der entscheidende Antrieb für weitere Fortschritte bei den Instrumenten. In der Sowjetunion wurden die größten Anstrengungen gemacht, Amerikas größtes Fernrohr zu überbieten. So entstand das Observatorium Selentschuk im Kaukasus (2080 m) mit einem Reflektor mit 6 m Öffnung. Er ist seit 1976 in Betrieb, konnte aber nicht die Qualität des 5 m-Spiegels übertreffen. Die zugehörige Kuppel hat rund 50 m Durchmesser.

Amerikanische Astronomen und Techniker vom California Institute of Technology in Pasadena konstruieren ein gewaltiges 10 m-Spiegelfernrohr, das sog. Keck-Teleskop. Sein Standort ist am Mauna-Kea-Observatorium auf der Insel Hawaii, das mit 4205 m Höhe das zweithöchste der Welt ist. Dort steht bereits die zugehörige riesige Kuppel. Der 10 m-Spiegel selbst besteht nicht mehr aus einer einzigen Scheibe Glas bzw. Zerodur, sondern aus sechseckigen Teilstücken.*

*Schlosser, Wolfhard: Fenster zum All. Instrumente und Beobachtungsmethoden in der Astronomie. Wissenschaftliche Buchgesellschaft Darmstadt 1990

Hier ist nur auf allgemeine und zusammenfassende Literatur über Sternwarten hingewiesen. Veröffentlichungen über einzelne Sternwarten sind in meinem Textband von 1975 bzw. 1978 ausführlich verzeichnet, siehe unten. Mehrere neue oder besonders wichtige Bücher oder Aufsätze sind als Fußnoten angegeben. Wesentliche Literatur ist außerdem im Bildnachweis enthalten.

Vorgeschichte und frühe Hochkulturen:

Müller, Rolf: Der Himmel über dem Menschen der Steinzeit. Astronomie und Mathematik in den Bauten der Megalithkulturen. Springer, Berlin Heidelberg New York 1970

Kern, Hermann: Kalenderbauten. Frühe astronomische Großgeräte aus Indien, Mexico und Peru. Ausstellungskatalog: Die Neue Sammlung. Staatliches Museum für angewandte Kunst, München. München 1976

Krupp, Edwin C.: Astronomen, Priester, Pyramiden. Das Abenteuer Archäoastronomie. Beck, München 1980

Sternwarten seit etwa 1500:

Littrow, Carl von: Deutschlands vorzüglichste Sternwarten. C. von Littrows Kalender für alle Stände 1848. Wien 1848

Spieker, Paul: Sternwarten und andere Observatorien. Handbuch der Architektur. Herausgegeben von Josef Durm u.a. Darmstadt 1888. 4.Teil, S. 474–545

Winterhalter, Albert G.: The international astrophotographic congress – and a visit to certain european observatories and other institutions. Appendix 1. Washington 1889

Holden, Edward S.: Mountain observatories in America and Europe. Washington 1896

Stroobant, Paul u.a.: Les observatoires astronomiques et les astronomes. Tournai-Paris 1931 resp. 1936

King, Henry C.: The history of the telescope. London 1955

Riekher, Rolf: Fernrohre und ihre Meister. Eine Entwicklungsgeschichte der Fernrohrtechnik. Berlin 1957

Rigaux, Fernand: Les observatoires astronomiques et les astronomes. Brüssel 1959

Donnelly, Marian C.: Astronomical observatories in the 17th and 18th centuries. Royal Academy of Belgium, Memoires, Classes des sciences 24. Brüssel 1964

Classen, Johannes: Die internationalen Sternwarten vor 100 Jahren. Veröffentlichungen der Sternwarte Pulsnitz (Sachsen) Nr.9. Leipzig 1972

Donelly, Marian C.: A short history of observatories. University of Oregon Books. Eugene, Oregon 1973

Müller, Peter: Sternwarten. Architektur und Geschichte der Astronomischen Observatorien. Dissertation Köln 1971. Peter Lang, Bern Frankfurt/Main. 1. Auflage 1975, 2. Auflage 1978

Kirby-Smith, Henry T.: U.S. observatories: A directory and travel guide. Van Nostrand Reinhold, New York 1976

Marx, Siegfried und Pfau W.: Sternwarten der Welt. Edition Leipzig 1979. Herder, Freiburg Basel Wien 1980

Marx, Siegfried and Pfau W.: Observatories of the world. Van Nostrand Reinhold, New York 1982

Hahn, Gernot von: Jahre – Tage – Stunden. Das große Buch von Zeit und Kalender. AT-Verlag Aarau, Stuttgart 1984

Krisciunas, Kevin: Astronomical centers of the world. Cambridge University Press, Cambridge (England) New York Melbourne 1988

Die hier nicht angegebenen Zeichnungen und Fotografien (die meisten der Fotografien im quadratischen Format) sind vom Verfasser. Die unten angegebenen Illustrationen sind mit freundlicher Erlaubnis der betreffenden Fotografen, Verlage oder Bildarchive abgebildet.

Stonehenge: [S.3] ZEFA Zentrale Farbbild-Agentur Düsseldorf; [S.4 unten] Cecil A. Newham, Griffith-Observatorium Los Angeles; [S.5] Her Majesty's Stationery Office London, Crown Copyright

Alexandria: [S.6, 7] Thiersch, Hermann: Pharos – Antike, Islam und Occident. Leipzig Berlin 1909, Tafeln 4–7

Capri: [S.8 oben] Maiuri, Amedeo: Capri, Geschichte und Denkmäler. Rom 1956, Planbeilage

Monte Albán: [S.10 oben] Marquina, Ignacio: Arquitectura Prehispanica. Mexico City 1964, Abb.86; [S.10 unten] Westheim, Paul: Die Kunst Alt-Mexikos. DuMont Köln 1966, Fig.31 nach Bazán and Acosta

Palenque: [S.11] C. Bertelsmann Verlag München bzw. Topic Verlag Karlsfeld; [S.12] Eberhard Thiem, Lotos-Film Kaufbeuren

Chichén Itzá: [S.13, 14 oben] Helfritz, Hans: Mexiko. DuMont Kunst-Reiseführer. Köln 1981, S.172; [S.15 oben] Umschau Verlag Frankfurt bzw. Prof. Dr. Horst Hartung, Guadalajara Mexiko; [S.15 unten] Krickeberg, Walter: Altmexikanische Kulturen. Berlin 1956, S.355 nach Holmes

Machu Picchu: [S.17] Laenderpress Hanne Friedrich-Englaender, Düsseldorf; [S.18 unten] Müller, Rolf: Sonne, Mond und Sterne über dem Reich der Inka. Springer-Verlag, Berlin Heidelberg New York 1972, Abb.16

Kyongju: [S.19] ZEFA ... Düsseldorf

Samarkand: [S.20] Pander, Klaus: Sowjetischer Orient. DuMont Kunst-Reiseführer. Köln 1982, S.285 und 286; [S.21] Sowjetische Presseagentur Nowosti, Moskau bzw. Bonn

Peking: [S.22] Holzschnitt von Deichmüller nach 1680, danach Stich von P. Le Conte 1699; [S.23 oben] Deutsches Museum München, Bildstelle Foto Nr.34870; [S.23 Mitte] Keith P. Tritton: Königliche Sternwarte Edinburgh; [S.23 unten] Dr. Ludwig Kürten, Bonn

Delhi: [S.24] und

Jaipur: [S.27] Dr. Andreas Volwahsen, Berlin (West); [S.28] Airtours Reisegesellschaft Frankfurt

Nürnberg: [S.32] Kupferstich von Johann A. Delsenbach 1716

Kassel: [S.33] Lithographie von A. Specht 1793. Staatliche Kunstsammlungen Kassel, Graphische Sammlung; [S.34] Prof. Dr. Ludolf von Mackensen, Hessisches Landesmuseum Kassel, Astronomisch-Physikalisches Kabinett

Insel Hven: [S.36, 37, 38] Brahe, Tycho: Astronomiae instauratae mechanica. Wandsbek 1598, Holzschnitte

Vatikanstadt: [S.40] Perowne, Stewart: Rom. Von der Gründung bis zur Gegenwart. DuMont Köln 1971, Abb.188a; [S.41 unten] Letarouilly, Paul: The Vatican Buildings – Les Bâtiments du Vatican. London 1963, Band 2/3, S.126

Kopenhagen (Runder Turm): [S.43] Bang, Thomas: Phosphorus inscriptionis hierosymbolicae. Kopenhagen 1648, Titelblatt von H. A. Greyss; [S.44] Thurah, Lauritz de: Den Danske Vitruvius. Kopenhagen 1746, 1. Teil; [S.45 oben] HB-Verlags- und Vertriebs-Gesellschaft, Hamburg

Paris (Königliche Sternwarte): [S.47 oben] Stich von Le Clerc; [S.47 unten, 48 unten] Pläne von François d'Orbay 1692; [S.48 oben] Plan von Claude Perrault 1670; [S.47, 48] alle Fotos Nationalbibliothek Paris; [S.50] Interphotothèque Documentation Française Paris, Foto Bylinsky

Greenwich: [S.52, 54, 55 oben] National Maritime Museum Greenwich, Crown Copyright; [S.55 oben] Radierung von Francis Place ca. 1790

Berlin (Akademie-Sternwarte): [S.58] Ausschnitt aus David Schleuens Ansicht von Berlin, Stich von ca. 1740; [S.59] Aquarell von Friedrich W. Klose ca. 1830; [S.58, 59] Berlin-Museum Berlin (West)

Bologna: [S.61] Zanotti, Giampietro: Storia dell'Academia Clementina di
Bologna ... Bologna 1739

St.Petersburg: [S.62] Rolf Seul, Bild-Studio Michael Weiss, Hamburg; [S.63]
nach Grabar, Igor: Istoria russkago iskusstwa. 3. Peterburgskaju architek-
turu. Danzig 1910, S.76

Prag (Jesuiten-Sternwarte): [S.64] Zeichnung von F.B.Werner ca. 1750,
Stadtbibliothek Breslau; [S.65 oben] Wachmeier, Günter: Prag. Kunst- und
Reiseführer. Kohlhammer Verlag, Stuttgart 1967, S.216; [S.65 unten] Zen-
tralarchiv der Tschechoslowakischen Akademie der Wissenschaften Prag;
[S.66 oben] ZEFA ... Düsseldorf

Breslau: [S.67] ZEFA ... Düsseldorf

Kremsmünster: [S.69 unten] Fellöcker, P.Sigmund: Geschichte der Stern-
warte der Benediktiner-Abtei Kremsmünster. Linz 1864, S.26; [S.70 oben]
Zeichnung von Jean B.Franck 1764; [S.70 unten] Deutsches Museum
München, Bildstelle Foto Nr.4515

Mannheim: [S.71 links] Zeichnung von Johann Lacher, Universitätsbiblio-
thek Heidelberg; [S.71 rechts] Klüber, Johann L.: Die Sternwarte zu
Mannheim. Mannheim Heidelberg 1811, Planbeilage

Oxford: [S.73] Heinz Prüstel, Mainz bzw. Holle Verlag Baden-Baden; [S.75]
Bodleian Bibliothek Oxford (G.A.Oxon. b. 109. b. after 240)

Kassel (Zwehrenturm): [S.76] Stich von J.C.Müller nach Simon L. du Ry
1784; [S.77 oben] Hallo, Rudolf: Die Sternwarten Kassels in hessischer
Zeit. Kassel 1929, Abb.7a und b

Dublin: [S.78] Nach Ussher, Henry: Transactions of the Royal Irish Academy.
Dublin 1787, Band 1

Göttingen: [S.80] Donnelly, Marian C.: A short history of observatories.
Eugene (USA) 1973, Abb.28

Neapel: [S.82, 83 unten] Observatorium Neapel-Capodimonte

Edinburgh (Städtische Sternwarte): [S.84] Encyclopedia of architecture.
Wyatt Papworth, London 1899

Kapstadt: [S.87 unten] Charles Field, Wynberg bzw. Observatorium Kapstadt; [S.88] Gill, David: A history and description of the Royal Observatory, Cape of Good Hope. London 1913, Tafel 1

Helsinki: [S.90] Zeichnung von Carl L.Engel, Universität Helsinki

Berlin (Königliche Sternwarte): [S.92] Schinkels Sammlung architektonischer Entwürfe, Berlin 1823–40, Nr.154; [S.93] Stahlstich von E.F.Grün-
wald 1832, Berlin-Museum Berlin (West)

Pulkowo: [S.95] Durm, Josef: Handbuch der Architektur. Darmstadt 1888.
4.Teil, 6.Halbband, 2.Heft; Fig.431 S.518 und Fig.435 S.520; [S.96 oben,
Mitte] Schweiger-Lerchenfeld, Amand von: Atlas der Himmelskunde.
Wien Pest Leipzig 1898, Fig.86 S.45 und Fig.193 S.86; [S.96 unten] Ing.
D.Stachowski, Berlin

Bonn: [S.98 oben] Zeichnung von Karl F.Schinkel ca. 1838. Astronomisches
Institut der Universität Bonn. Foto Rheinisches Amt für Denkmalpflege,
Brauweiler bei Köln; [S.98 unten] Duetelet, Ernest: Des observatoires du
nord de l'Allemagne et de la Hollande. Brüssel ca. 1850, S.4/5; [S.100
oben] Durm, Josef: Handbuch der Architektur, 1888 ... Fig.440 S.523

Athen: [S.102, 104 unten] Hansen, Theophil: Die freiherrlich von Sina'sche
Sternwarte bei Athen. Allgemeine Bauzeitung (Wien), 11, 1846, Tafelband
Blatt 29–33

Leiden: [S.105] Aa, Pieter van der: Les Délices de Leide. Leiden 1712, S.76.
Foto Academish Historisch Museum Leiden; [S.106 unten] Annalen der
Sternwarte in Leyden, 7, 1897, Planbeilage

Kopenhagen (Universitäts-Sternwarte): [S.109] Hansen, Christian: Die neue
Universitätssternwarte in Kopenhagen. Allgemeine Bauzeitung (Wien), 27,
1862, S.110 und 28, 1863, Blatt 564

Zürich (Sternwarte der TH): [S.110] Wolf, Rudolf: Astronomische Mitteilun-
gen Zürich, Heft 21. Zürich 1866, Planbeilage

Wien (Universitäts-Sternwarte): [S. 113 oben] Gemälde von Bernardo Bellotto genannt Canaletto: Der alte Universitätsplatz in Wien. Ca. 1760. Kunsthistorisches Museum Wien, Gemäldegalerie Inventar-Nr. 1670. Foto Kunsthistorisches Museum; [S. 114] Fellner, Ferdinand und Hermann Helmer: Die neue Sternwarte der Wiener Universität. Allgemeine Bauzeitung (Wien), 46, 1881, Tafelband Blatt 1; [S. 115 unten] Littrow, Carl von: Die neue Universitätssternwarte auf der Türkenschanze bei Wien. Wien 1883, S. 16

Potsdam: [S. 118] Spieker, Paul: Die Bauausführung des Königlichen Astrophysikalischen Observatoriums auf dem Telegraphenberge bei Potsdam. Zeitschrift für Bauwesen (Berlin), 29, 1879, S. 33 und Tafelband Blatt 6; [S. 119 oben] Die Königlichen Observatorien für Astrophysik, ... bei Potsdam. Berlin 1890, Tafel 4; [S. 120 unten] Deutsches Museum München, Bildstelle Foto Nr. 10238; [S. 121 unten] Riekher, Rolf: Fernrohre und ihre Meister. Berlin 1957, Abb. 176; [S. 122] Norwich, John J.: Die Architektur der Welt. Parkland Verlag, Stuttgart 1987, S. 238; Mitchell Beazley Publishers, London

Straßburg: [S. 123] Winterhalter, Albert G.: The international astrophotographic congress. Washington 1889, S. 221; [S. 124 unten] Meyers Konversationslexikon. Leipzig Wien 1897, Band 16, S. 418; [S. 125 unten] Straßburg und seine Bauten. Straßburg 1894, Fig. 393

Meudon: [S. 127 oben] Biver, Comte P.: Histoire du Château de Meudon. Paris 1923, Fig. 28 nach Mariette

Bamberg: [S. 128] Wolfschmidt, Gudrun: Astronomie in Bamberg. 100 Jahre Remeis-Sternwarte. Bamberg 1990, Abb. 2

Nizza: [S. 132, 134] Sternwarte Nizza; [S. 133, 135 unten] Perrotin, Joseph: Annales de l'Observatoire de Nice. Band 1, Paris 1899, Tafel 1 ff.

Brüssel-Uccle: [S. 137, 138] Königliches Observatorium Brüssel

Edinburgh-Blackford Hill: [S. 141 oben] Königliche Sternwarte Edinburgh

Heidelberg-Königstuhl: [S. 145 unten] Lossen-Foto Heidelberg, Nr. C 10/4209 A

Barcelona: [S. 147 unten] Febrer Carbó, Joaquín: El Observatorio Fabra de la Real Academia ... Barcelona 1965, S. 7

Pic du Midi: [S. 151] Observatorium Pic du Midi, Verwaltung Bagnères-de-Bigorre

Ondřejov: [S. 153 unten] Observatorium Ondřejov; [S. 154] Jenaer Rundschau, Jenoptik GmbH Jena

Hamburg-Bergedorf: [S. 156] Baubehörde Hamburg Lichtbildnerei bzw. Luftamt Hamburg Nr. 10 40/82; [S. 157 unten] Hamburger Sternwarte Bergedorf; [S. 158] Architekten- und Ingenieurverein zu Hamburg: Hamburg und seine Bauten ... Hamburg, 2. Auflage, 1914, 1. Band, Abb. 524 und 525

Potsdam-Babelsberg: [S. 160, 161 unten] Prager, Richard: Die Einrichtungen und Arbeiten der Sternwarte Berlin-Babelsberg. Die Himmelswelt (Berlin), 36, 1926, S. 148 und 149

Budapest: [S. 162] Kupferstich von E. Mansfeld nach Zeichnung von Pichler, 1777. Konkoly-Observatorium Budapest

Castel Gandolfo: [S. 166] Azienda Autonoma Soggiorno e Turismo, Albano Laziale, Italien

Jungfraujoch: [S. 168] Verwaltung der Bahnen der Jungfrau-Region, Interlaken; [S. 169] Verwaltung der Hochalpinen Forschungsstation Jungfraujoch in Bern

Bogotá: [S. 171] Thomas Kühn, Offenbach

Washington-Georgetown: [S. 172] Curley, James: Annals of the Astronomical Observatory of Georgetown College, D. C., Nr. 1, New York 1952, Tafel 3

Mount Hamilton: [S. 175 oben, 176] Lick Observatorium Mount Hamilton, Verwaltung Santa Cruz, Kalifornien; [S. 175 unten] Durm, Josef: Handbuch der Architektur, 1888 ... Fig. 412, S. 505

La Plata: [S. 178] Universitäts-Sternwarte La Plata, Argentinien

México-Tacubaya: [S. 181] National-Institut für Astronomie Mexico-City; [S. 182] Puga, Guillermo: Descripción del Observatorio Astronómico N. de Tacubaya. Mexico City 1893, Planbeilage

Washington: [S. 184 unten] Leipziger Illustrierte Zeitung, 6, 1846, 1. Band, S. 335; [S. 185] Colour Library Books Ltd. Godalming, Surrey England

Williams Bay: [S. 189 unten] Donnelly: A short history of observatories … 1973, Abb. 60; [S. 190] Yerkes Observatorium Williams Bay, Wisconsin USA

Pittsburgh: [S. 194] Allegheny Observatorium Pittsburgh bzw. H. K. Barnett, Allison Park, Pennsylvania

Mount Wilson: [S. 197, 199 rechts] Mount Wilson Observatorium, Verwaltung Pasadena, Kalifornien; [S. 199 links] Deutsches Museum München, Bildstelle

Victoria: [S. 200] Dominion Astrophysikalisches Observatorium, Victoria B. C., Kanada

Mount Palomar: [S. 202, 203] Mount Palomar Observatorium, Verwaltung Pasadena, Kalifornien bzw. California Institute of Technology and Carnegie Institution of Washington

Berlin (Urania): [S. 206] Wilhelm Foerster-Sternwarte Berlin; [S. 207] Berlin und seine Bauten, Berlin, 2. Auflage 1896, 2. Band Abb. 238

Paris (Sorbonne): [S. 208] Nénot, Henri-Paul: Monographie de la nouvelle Sorbonne. Paris 1903

Frankfurt: [S. 210] Hartmann, E., M. Brendel u. a.: Der Neubau des Physikalischen Vereins und seine Eröffnungsfeier 1908. Frankfurt 1908, Tafel 8

Berlin-Treptow: [S. 213, 214 oben] Archenhold-Sternwarte Berlin; [S. 214 unten] ZEFA … Düsseldorf

Wien (Urania): [S. 216] Urania Volks-Sternwarte Wien

München: [S. 215] Deutsches Museum München, Bildstelle; [S. 220] ebenfalls, Foto Nr. 44876 von Max Prugger

Los Angeles: [S. 225 unten] Werner, Helmut: Die Sterne dürfet ihr verschwenden. Stuttgart 1953, Abb. 132

Ort, Sternwarte	Sternwarten-form	Bauzeit	Architekt	Astronom bzw. erster Direktor
Athen	Kreuz-Form	1842–46	Theophil Hansen	George C. Vouris
Babelsberg	T-Form	1911–15	Georg Thür	Hermann Struve
Bamberg		1886–89	Hermann Eggert	Ernst Hartwig
Barcelona	Längs-Form	1902–04	José Doménech y Estapá	José Comas Solá
Berlin Akademie-St.	Turm-Form	1700–11	Martin Grünberg	Gottfried Kirch
Berlin Königliche St.	Kreuz-Form	1832–35	Karl F. Schinkel	Johann F. Encke
Berlin Volks-St. Urania	Längs-Form	1888–89	Paul Spieker	Wilhelm Foerster
Berlin Volks-St. Treptow	U-Form	1908–09	Reimer u. Körte	Friedrich S. Archenhold
Bologna	Turm-Form	1712–25	G. Antonio Torri	Eustachio Manfredi
Bonn	Kreuz-Form	1839–45	Peter J. Leydel, Karl F. Schinkel	Friedrich W. Argelander
Breslau	Turm-Form	1728–33	Johann B. Peintner	P. Johannes Lewald
Brüssel-Uccle	Kreuz-Form	1883–91	Octave van Rysselberghe	Charles Houzeau, François Folie
Budapest Konkoly-St.		1920–28	Gyula Sváb	Antal Tass
Castel Gandolfo		1932–35		Johan W. Stein S. J.
Dresden	Turm-Form	1910–13	Martin Dülfer	B. Pattenhausen
Dublin	L-Form	1783–85	Graham Moyers	Henry Ussher
Edinburgh Städtische St.	Kreuz-Form	1818–24	William H. Playfair	John Playfair
Edinburgh Königl. St.	T-Form	1892–96	W. Wybrow Robertson	Ralph Copeland
Florenz-Arcetri	Längs-Form	1869–72		Giovanni B. Donati
Frankfurt	Turm-Form	1904–06	von Hoven, Neher	M. Brendel
Georgetown	Längsform	1841–43		James Curley S. J.
Göttingen	U-Form	1803–16	Georg H. Borheck, Justus H. Müller	Carl F. Gauß
Greenwich Flamsteed-Haus		1675–76	Christopher Wren	John Flamsteed
Greenwich Meridian-Bau	Längs-Form	1749–1849		James Bradley
Greenwich Thompson-Bau	Kreuz-Form	1891–99	Frank Crisp	William Christie
Hamburg-Bergedorf	Gruppen-Form	1906–12	Albert Erbe	Richard Schorr
Heidelberg-Königstuhl	Gruppen-Form	1896–1900	Josef Durm	Max Wolf, Wilhelm Valentiner
Helsinki	Kreuz-Form	1831–34	Carl L. Engel	Friedrich W. Argelander
Hoher List (Eifel)	Gruppen-Form	1952–66	Karl Meilen	Friedrich Becker

Gründer oder Mäzen	Hauptinstrument: Ø und Brennweite in cm (ursprünglich)	Hersteller	Größte Kuppel Ø in m	Turm-höhe in m	Höhe über NN in m
Georg Sinas	Refr. 15	Ploessl	8		105
	Refr. 65/1050	Zeiss	14,5		82
	Refl. 125/840	Zeiss	13		
Carl Remeis	Heliom. 18/260	Merz/Repsold	6		
Camilo Fabra Puig	Dop. Refr. vis. 38/600 phot. 38/380	Mailhat	10		414
Kurfürst Friedrich III.			26,4		
König Friedrich Wilhelm III.	Refr. 23/400	Fraunhofer	7,5		
	Refr. 16/240	Reinfelder u. Hertel	8		
	Refr. 68/2100	Steinheil/Hoppe			
	Mauerquadrant		42		
König Friedrich Wilhelm IV.	Heliom. 15,7/260	Merz u. Mahler	8,7		
	Refr.		47		
	Refr. 38/663	Cooke/Merz	8,1		
	Refl. 100/300	Zeiss	9,7		
Miklós Konkoly-Thege	Refr. 30 Refl. 60	Zeiss			474
Papst Pius XI.	Dop. Astr. 60/240 40/200	Zeiss	8,5		426
	Refr. 30/495	Heyde	8	40	
	Refr. 12,5		5,5		
König Georg IV.	Merid. 16	Fraunhofer/Repsold	4,25		106
James L. Lindsay	Refl. 91/1640	Grubb	12,2		133
	Refr. 28,4	Amici			184
	Refr. 21/307	Pauly/Zeiss	7	33	
	Refr. 12/200	Throughton u. Simms	6,1		
	Heliom. 16/262	Repsold	7		
König Karl I.	Refr.				
	Merid. 20/353	Throughton u. Simms			
Henry Thompson	Dop. Refl. vis. 76/846 Refr. phot. 66/686	Grubb	15,25		
	Refr. 60/900 Refl. 100/300	Steinheil/Repsold Zeiss	14		
Großherzog Friedrich I.	Dop. Refr. phot. 40/200 phot. 40/200	Brashear/Grubb	8,5		564
	Dop.-Refr. vis. 25/396 phot. 33/343				
	Refl. 106/1500	Askania/Rademakers	9		549

Ort, Sternwarte	Sternwarten-form	Bauzeit	Architekt	Astronom bzw. erster Direktor
Hven (Insel)	Kreuz-Form	1576–81	Jan van Steenwinkel d. Ä.	Tycho Brahe
Innsbruck	Längs-Form	1904		Egon von Oppolzer
Jena	Längs-Form	1888–89	Streichhan	Ernst Abbe
Jungfraujoch	Turm-Form	1936–37	Otto Fahrni	Alexander von Muralt
Kapstadt	H-Form	1820–28	John Rennie, Herbert Baker	Fearon Fallows
Kassel	Turm-Form	1779–85	Simon Louis du Ry	Johann M. Matsko
Kopenhagen Runder Turm	Turm-Form	1637–42	Jan van Steenwinkel d. J.	Christian Lumborg
Kopenhagen Univ.-St.	Kreuz-Form	1859–61	Christian Hansen	Heinrich L. d'Arrest
Kremsmünster	Turm-Form	1748–58	P. Anselm Desing	P. Placidus Fixlmillner
La Plata	Gruppen-Form	1883–94	Ulric Courtois	Francisco Beuf
Leiden	Längs-Form	1858–60	H. F. Camp	Frederik Kaiser
Leipzig	L-Form	1860–61	Richard Lucae	Karl Chr. Bruhns
Leningrad	Turm-Form	1718–34	Georg J. Mattarnovi	Michael W. Lomonossow
Los Angeles	T-Form	1933–35	John C. Austin, Frederic M. Ashley	
Madrid	Kreuz-Form	1790–1804	Juan de Villanueva	
Mannheim	Turm-Form	1772–74	Johann Lacher, Franz W. Rabaliatti	Christian Mayer S. J.
Meudon (Paris)	Längs-Form	1877–93	Constant Moyaux	Jules Janssen
México-Tacubaya	Kreuz-Form	1884–1908	Antonio Anza	Angel Anguiano
Mt. Hamilton	Gruppen-Form	1875–88	Thomas E. Fraser	Edward S. Holden
Mt. Palomar	Gruppen-Form	1935–48	Russell W. Porter	George E. Hale
Mt. Wilson	Gruppen-Form	1904–17	George D. Jones	George E. Hale
München-Bogenhausen	U-Form	1816–19	Franz Thurn	Johann G. Soldner
München Deutsches Museum	Turm-Form	1912–25	Gabriel von Seidl	
Neapel	T-Form	1812–20	Luigi u. Stefano Gasse	P. Giuseppe Piazzi
Nizza	Gruppen-Form	1879–86	Charles Garnier, Gustave Eiffel	Joseph Perrotin
Ondřejov	Gruppen-Form	1905–12	Josef Fanta	František Nušl
Oxford Radcliffe-Obs.	Turm-Form	1772–78	James Wyatt	Thomas Hornsby
Paris Königl. St.		1667–72	Claude Perrault	Giovanni D. Cassini
Paris Univ.-St.	Turm-Form	1896–1901	Henri P. Nénot	

Gründer oder Mäzen	Hauptinstrument: Ø und Brennweite in cm (ursprünglich)	Hersteller	Größte Kuppel Ø in m	Turmhöhe in m	Höhe über NN in m
König Friedrich II.	Mauerquadrant	Tycho Brahe			
	Refl. 40/100	Zeiss			605
Herzog Carl August	Refr. 20/300	Bamberg	5,5		
	Refl. 30		5		3573
Frank McClean	Dop.-Refr. vis. 46/690 phot. 61/683	Grubb	12		
Landgraf Friedrich II.	Mauerquadrant			34	
König Christian IV.	Quadrant			34,8	
	Refr. 28,5	Merz u. Mahler	8		
P. Alexander Fixlmillner	Quadrant			50	384
	Refl. 83/1500	Henry	11,5		
	Refr. 17,7/280	Merz	5,5		
	Refr. 21,5/390	Steinheil/Pistor u. Martins	6,5		
Zar Peter I.				50	
Griffith J. Griffith	Refr. 30/500	Zeiss	9,8		
König Karl III.	Refr. 44/500	Grubb			655
Kurfürst Carl Theodor	Quadrant			33	
	Dop. Refr. vis. 83/1600 phot. 62/1600	Henry/Gautier	18,5		
	Refr. 38/480	Grubb	8,2		2298
James Lick	Refr. 91,5/1760	Clark/Warner u. Swasey	20		1283
	Refl. 508/1680	Brown	41,8		1706
John D. Hooker	Refl. 254/1290	Ritchey	32		1742
	Refr. 28,5/487	Merz u. Mahler	12		
Oscar von Miller	Refr. 30/450	Zeiss	8		
König Ferdinand I.	Refr. 18/300	Dollond			154
Raphael Bischoffsheim	Refr. 76/1800	Henry/Gautier	26,2		372
Josef und Jan Frič	Refr. 21/270	Clark	7,8		528
John Radcliffe	Quadrant	Bird		32,3	
König Ludwig XIV.	Refr. 38/900	Henry	12		
	Dop. Refr. vis. 24 phot. 22	Couder	6,4	45	

Ort, Sternwarte	Sternwarten-form	Bauzeit	Architekt	Astronom bzw. erster Direktor
Pic du Midi	Gruppen-Form	1903–07	C. X. Vaussenat	Benjamin Baillaud
Pittsburgh	Dreieck-Form	1900–12	Thorsten E. Billquist	Frank L. Wadsworth
Potsdam Astrophysik. Obs.	Kreuz-Form	1874–79	Paul Spieker	Hermann C. Vogel
Potsdam Großer Kuppelbau		1896–99	Spieker u. Saal	
Potsdam Einsteinturm	Turm-Form	1920–24	Erich Mendelsohn	Erwin Freundlich
Prag Univ.-St.	Turm-Form	1721–23	František M. Kaňka	Joseph Stepling S. J.
Prag Volks-St.	Längs-Form	1928–33	Václav Veselík	
Pretoria	Gruppen-Form	1937–48	Gordon Leith	Harold Knox-Shaw
Pulkowo	Kreuz-Form	1835–39	Alexander Briulow	Friedrich G. Struve
Rom Turm der Winde	Turm-Form	1576–79	Ottaviano Mascherino	P. Ignazio Danti
Rom Coll. Romano	Turm-Form	1787		Giuseppe Calandrelli
Rom Leonischer Turm	Turm-Form	1891		P. Francesco Denza
Rom Monte Mario		1935		Giuseppe Armellini
Straßburg		1877–82	Hermann Eggert	August Winnecke
Stuttgart	Turm-Form	1921–22	Wilhelm Jost	Robert Henseling
Tautenburg		1951–60		Nikolaus Richter
Tonantzintla	Gruppen-Form	1941–42		Luis E. Erro
Turku	Kreuz-Form	1816–18	Carl L. Engel	Friedrich W. Argelander
Victoria		1913–18		John S. Plaskett
Washington 1. Marine-St.	T-Form	1943–44		James M. Gilliss
Washington 2. Marine-St.	Längs-Form	1887–93	Richard M. Hunt	Simon Newcomb
Wien Univ.-St.	Kreuz-Form	1874–80	Ferdinand Fellner, Hermann Helmer	Carl von Littrow
Wien Kuffner-St.	Kreuz-Form	1884–86	Franz v. Neumann	Norbert Herz
Wien Volks-St.	Turm-Form	1909–10	Max Fabiani	Heinrich Jaschke
Williams Bay (Yerkes-Obs.)	Kreuz-Form	1892–97	Henry I. Cobb	George E. Hale
Zürich ETH-St.	L-Form	1861–64	Gottfried Semper	Rudolf Wolf
Zürich Volks-St.	Turm-Form	1905–07	Gustav Gull	

Gründer oder Mäzen	Hauptinstrument: Ø und Brennweite in cm (ursprünglich)	Hersteller	Größte Kuppel Ø in m	Turmhöhe in m	Höhe über NN in m
Charles de Nansouty	Dop.-Refr. 38/600 60/600	Gautier	9		2865
	Refr. 76/1430	Brashear	18,3		370
	Refr. 29,8/540	Schröder/Repsold	10		95
	Dop. Refr. 80/1200 50/1200	Steinheil/Repsold	21		
	Refr. 60/1450	Zeiss	4,5	18	
	Sextant	Habermel		50	
	Dop. Refr. vis. 18/340 phot. 21/340	Zeiss	7,5		327
	Refl. 188/var.	Grubb u. Parsons	18,6		1542
Zar Nikolaus I.	Refr. 38/690	Merz u. Mahler	9,8		
Papst Greogor XIII	Merid.			46	
	Merid.	Reichenbach		38	
Papst Leo XIII.	Astr. vis. 20/260 phot. 33/343	Henry/Gautier		20	
	Refr. 39/525	Steinheil/Cavignato			150
	Refr. 48,7/700	Merz/Repsold	11		
	Refr. 17,5/260	Zeiss	5	10,5	344
	Refl. 200/var.	Zeiss	20		350
	Schm. 68,6:78,7	Perkin u. Elmer			2286
	Merid.	Reichenbach u. Ertel			
	Refl. 185/3600	Brashear/Warner u. Swasey	20,1		230
	Refr. 23/465	Merz u. Mahler	7		
	Refr. 66/990	Clark/Warner u. Swasey	14,4		
	Refr. 68/1054	Grubb	14		
Moriz v. Kuffner	Heliom. 22/300	Steinheil/Repsold	6		
	Refr. 21/300	Zeiss	6,3	42	
Charles T. Yerkes	Refr. 102/1940	Clark/Warner u. Swasey	27,4		
	Dop. Refr. 30/340 34/340	Merz/Kern	6		468
	Refr. 30/540	Zeiss	8,4	45	

Die Angaben gelten meist für den ursprünglichen Zustand.

Abkürzungen: Astr. = Astrograph; Dop. = Doppel; Heliom. = Heliometer; Merid. = Meridiankreis; Obs. = Observatorium; phot. = photographisch; Refl. = Reflektor; Refr. = Refraktor; Schm. = Schmidt-Spiegel; St. = Sternwarte; var. = variabel; vis. = visuell.